SAMMLUNG GÖSCHEN BAND 335

DIE FETTE UND ÖLE

von

THEODOR KLUG

6. verbesserte Auflage

WALTER DE GRUYTER & CO.

vormals G. J. Göschen'sche Verlagshandlung · J. Guttentag, Verlagsbuchhandlung · Georg Reimer · Karl J. Trübner · Veit & Comp.

BERLIN 1961

Inhaltsverzeichnis

C. Die Einteilung der Fette und Öle

Literaturverzeichnis

A. Bücher

Abderhalden, Handbuch der biologischen Arbeitsmethoden, Lieferung 153: Fette. Berlin.

Benedikt-Ulzer, Analyse der Fette und Wachsarten. Berlin.

Braun-Klug, Die Seifenfabrikation. Sammlung Göschen Bd. 336. Berlin.

Braun, Die Untersuchung der Rohstoffe, Fertigfabrikate und Nebenprodukte der Fett-, Öl- und Seifenindustrie, Leipzig.

Deutsche Einheitsmethoden zur Untersuchung von Fetten usw. Stuttgart.

Funk, Die Vitamine, ihre Bedeutung für die Physiologie und Pathologie München.

Großfeld, Anleitung zur Untersuchung der Lebensmittel, Berlin.

Heiduschka und Pfizenmaier, Beiträge zur Chemie und Analyse der Fette, Berlin.

Heller, Ubbelohdes Handbuch der Chemie und Technologie der Öle und Fette, Leipzig.

Kaufmann, Studien auf dem Fettgebiet, Berlin.

Klimont-Ulzer, Allgemeine und physiologische Chemie der Fette, Berlin.

Klug, Chemische Betriebskontrolle in der Seifen- und Waschmittelindustrie. Augsburg.

Lund, Die Beziehungen zwischen den Fettkonstanten, Berlin.

Lüde, Gewinnung von Fetten und fetten Ölen 1954. Leipzig.

Manneck, Mod. Wasch- und Reinigungsmittel. — Antioxydantien. Beide: Garmisch-Partenkirchen 1954.

Mersol, seine Eigenschaften, Verarbeitung und Verwendung. Aussig.

Möllering und Lüttgen, Sulfohalogenierung und Sulfohalogenide. Stuttgart.

Ruziczka und Steep, Ergebnisse der Vitamin- und Hormonforschung. Leipzig.

Stiepel, Chemische Technologie der Fette, Öle und Wachse Leipzig.

Schrauth, Handbuch der Seifenfabrikation.

B. Zeitschriften

Allgemeine Öl- und Fettzeitung, Berlin.
Apothekerzeitung, Berlin.
Archiv der Pharmazie, Berlin.
Berichte der Deutschen Chemischen Gesellschaft, Berlin.
Biochemische Zeitschrift, Berlin.
Chemiker-Zeitung, Heidelberg.
Deutsche Parfümerie-Zeitung, Heidelberg.
Die Chemie, Berlin.
Fette, Seifen, Anstrichmittel, Münster.
Pharmazeutische Zeitung, Berlin.
Seifen, Öle, Fette, Wachse. Augsburg.
Zeitschrift der Untersuchung der Lebensmittel, Berlin.
Zeitschrift für physiologische Chemie, Berlin.

Abkürzungen

A.Z.	Azetylzahl.
Bé	Beaumé.
DAB 6	Deutsches Arzneibuch 6. Ausgabe.
E.Z.	Esterzahl.
J.Z.	Jodzahl.
P.Z.	Polenske-Zahl.
R.M.Z.	Reichert-Meißl-Zahl.
Rh.Z.	Rhodanzahl.
S.G.	Säuregrad.
S.Z.	Säurezahl.
Spez. Gew.	Spezifisches Gewicht.
V.Z.	Verseifungszahl.

A. Die Fette und Öle

1. Das Vorkommen der Fette und Öle

Die Fette und Öle sind im gesamten Naturreiche weitgehend verbreitet. In jedem Pflanzen- und Tierkörper ist Fett, wenn auch oft nur in geringer Menge, anzutreffen. Auch die niedrigsten Organismen, z. B. die Hefe, enthalten ziemlich viel Fett. Bei den Tieren findet sich das Fett in der Hauptsache als Speck unter der Haut oder als Talg in der Bauchhöhle, als Mark in den Röhrenknochen und den Höhlungen des Schädels. Ebenso findet sich Fett im Muskelfleisch und in der Nervensubstanz. Manche Tiergruppen haben einen besonders großen Fettreichtum: die Wal- und Robbentiere, Schweine, Wiederkäuer und manche Schwimmvögel. Im Pflanzenreiche sammelt sich das Fett vorzüglich in den Samen und Früchten, in denen es oft mehr als die Hälfte an Gewicht ausmacht. Während unreife Samen und Früchte noch verhältnismäßig arm an Fett sind, steigert sich die Menge desselben bis zur vollständigen Reife.

Viehzucht und Ackerbau haben einen großen Anteil an der Fetterzeugung. Die riesigen Viehherden Argentiniens und Australiens wie die unermeßlichen Wälder der Ölpalme und die weiten Felder der Erdnuß, der Leinpflanze, der Sonnenblume dienen lediglich der Fetterzeugung. Aber die Ausbeutung dieses gewaltigen Fettreichtums reicht noch nicht, um den Fetthunger der Menschheit zu stillen. Mit Hilfe der Jagd auf den Ozeanen gewinnt der Mensch noch große Fettmengen. Alljährlich entsendet man ganze Expeditionen in die Polarmeere, um dort Jagd auf die Walfische und Robbentiere zu machen, deren Leiber ein ganz vorzügliches Öl liefern.

Viehzucht, Ackerbau und Jagd sind auch heute noch die Hauptquellen der Gewinnung von Fett und Öl, aus denen die kultivierten Völker der ganzen Welt ihren Bedarf decken. In den letzten Jahrzehnten hat sich nun der Fettbedarf der Menschheit stark vergrößert, während die Erzeugung damit nicht Schritt halten konnte. Fortwährendes Steigen der Fettpreise war die Folge hiervon, und die chemische Industrie machte es sich zur Aufgabe, den entstandenen Fettmangel durch Gewinnung von synthetischem Fett zu beheben. Als Ausgangsmaterial diente hierzu die Kohle. Nachdem dieses Problem gelöst war, entstanden riesige Fabriken zur Herstellung von nicht nur technischen, sondern auch der menschlichen Ernährung dienenden Fetten.

Die Anschauungen über die Entstehung der tierischen Fette haben unter dem Einfluß der Kenntnis der kolloidalen Eigenschaften der Fette und Öle eine feste Gestalt angenommen. Das Fett, das zusammen mit Kohlehydraten, Eiweiß, Wasser und Salzen aufgenommen wird, erleidet anfangs durch den Mundspeichel, der als wirksamen Stoff das Ferment Ptyalin enthält, keine chemische Veränderung. Eine physikalische Veränderung tritt aber insofern ein, als das Fett mit anderen Stoffen gemischt in den Zustand der Emulsion tritt. Durch die Magen-, Prankreas- und Gallensekrete werden die aufgenommenen Fette zu Glyzerin und Seifen aufgespalten, welche Körper von der Darmwand resorbiert werden können. Innerhalb der Zellen findet die Synthese von Fett aus Glyzerin und Fettsäure unter der Wirkung von Esterasen statt. Nunmehr gelangen die Fette durch den Lymphstrom in das Blut. Das Fett bildet jetzt einen Reservestoff, der z. B. bei angestrengter Tätigkeit der Muskeln oder beim Hungern aufgebraucht werden kann. Dabei findet ein Abbau des Fettmoleküls bis zu Kohlendioxyd und Wasser statt.

Der biologische Aufbau der Fette aus Kohlehydraten erfolgt über eine „aktivierte" Essigsäure, die wahrscheinlich ein Phosphorsäurederivat ist. Sie stellt das Bindeglied zwischen Fetten und Kohlehydraten dar. Man kann sich nach neueren Erkenntnissen die Synthese von Fettsäuren in der Zelle durch fortgesetzte Aneinanderlagerung aktivierter Essigsäurereste und anschließende oder gleichzeitige Reduktion der zunächst entstehenden Ketofettsäuren vorstellen.

Die Fette stellen im Stoffwechsel nicht nur die Rolle eines reinen Energielieferanten dar, sondern sie übernehmen auch die einer physikalischen Schutzwirkung (Wärmeschutz, Geschmeidigmachung der Haut und Haare) und bedingen auch vielfache biologische Funktionen. Man bezeichnet sie deshalb auch als Speicher- oder Depotfette und Organfette. Dazu kommen noch die Milchfette. Für letztere ist die Anwesenheit geradzahlig niederer Fettsäuren bis herab zur Buttersäure charakteristisch.

Die Fettablagerung oder Fettinfiltration kann durch Mästung oder bei Fettsucht sehr groß werden. Verschieden von dieser Fettinfiltration ist die Fettmetamorphose. Bei dieser kommt es in den Zellen zur Bildung von Fett aus Protoplasmasubstanz, ein Vorgang, der letzten Endes dazu führt, daß die mit Fett angefüllte Zelle abstirbt. Diese Fettmetamorphose bedingt die Bildung von Fett in den Milchdrüsen stillender Individuen.

Die Beeinflussung des Klimas auf die Bildung der Öle in den Pflanzen hat Ivanow nachgewiesen. Danach kennzeichnen sich tropische Öle durch eine niedrige J.Z., erhöhte Dichte und kleine Molekelgröße, während in Gegenden mit schroffem Klimawechsel mehr Ester der ungesättigten Fettsäuren mit höherer J.Z., geringerer Dichte und hoher Molekelgröße entstehen.

2. Die Natur der Fette und Öle

a) Chemische Konstitution

In chemischer Beziehung zeigen die Fette und Öle eine überraschend große Übereinstimmung, so verschieden auch deren Herkunft sein mag. Sie sind keine einheitlichen chemischen Individuen, sondern meist recht kompliziert zusammengesetzte Produkte und stellen Gemische verschiedener Fette dar, wobei das Stearin, Palmitin und Olein überwiegen.

Neben diesen Grundfetten finden sich noch andere ähnlich zusammengesetzte Fettstoffe, ferner Farbstoffe und Riechstoffe, die für die einzelnen Fette spezifisch sind, so daß man oft am bloßen Geruche ein Fett identifizieren kann.

Die Fette sind Ester, d. h. Verbindungen zwischen Glyzerin und den höheren Fettsäuren Stearin-, Palmitin- und Ölsäure. Daneben finden sich in kleineren Mengen Laurin-,

Myristin-, Arachin-, Butter-, Capryl- und Caprinsäure. Ferner Säuren der Linol- und Linolensäurereihe und noch höher ungesättigte Säuren.

Das Glyzerin ist ein dreiwertiger Alkohol $C_3C_5(OH)_3$, dessen drei an Hydroxyl gebundene Wasserstoffatome durch Fettsäure-Radikale ersetzt werden können. Diese Verbindungen nennt man Triglyzeride, und sie entsprechen der Formel

$$C_3H_5\begin{cases}OR\\OR\\OR\end{cases},$$

worin R das Radikal einer beliebigen Fettsäure ist. Nach der Theorie sind auch Mono- und Diglyzeride nach folgenden Formeln möglich:

$$C_3H_5\begin{cases}OR\\OH\\OH\end{cases} \quad \text{und} \quad C_3H_5\begin{cases}OR\\OR\\OH\end{cases}.$$

Die Mono- und Diglyzeride hat man in frischen Fetten nicht gefunden, wonach es in der Natur nur Triglyzeride zu geben scheint.

Die Fette unterscheidet man nach ihrer Konsistenz als feste oder Talgarten, halbfeste oder Schmalzarten und flüssige oder Öle und Trane. Die festen Fette schmelzen alle unter 100° C, und die Öle erstarren bei niedriger Temperatur zu festen Fetten. Bei gewöhnlicher Temperatur zeigen die Öle eine gewisse Zähflüssigkeit, wobei das Rizinusöl das dickflüssigste Öl ist.

Der Herkunft nach unterscheidet man tierische und pflanzliche Fette, ein Unterschied, der sich chemisch feststellen läßt. Die tierischen Fette enthalten Cholesterin und die pflanzlichen Phytosterine, beides polycyclische, hydroaromatische und sekundäre Alkohole.

Ihrer Verwendung nach unterscheidet man in der Seifensiederei Kernfette und Leimfette. Erstere sind solche Fette, die einen leicht aussalzbaren Seifenleim ergeben und eine Verseifungszahl bis 200 besitzen. Leimfette erzeugen dagegen einen Seifenleim, der nur durch große Mengen von

Salz getrennt werden kann, und eine Verseifungszahl von etwa 250 aufweist. Zu letzteren gehören das Kokos- und Palmkernöl und das Dikafett, während alle anderen in der Seifenfabrikation verwendeten Fette Kernfette darstellen.

b) Physikalische Eigenschaften

Die Fette und Öle sind in Wasser unlöslich. Versetzt man aber das Wasser mit Eiweiß, Gummi oder Seife, d. h. bringt man das Wasser in eine schleimartige Beschaffenheit und schüttelt darin Öl, so verteilt sich letzteres in kleinste Tröpfchen, und die Flüssigkeit erhält ein milchiges Aussehen. Es hat sich eine Emulsion gebildet.

Bei der Verdauung der Fette im Tierkörper vollzieht sich unter Einwirkung eines Enzyms, welches in der Pankreasdrüse vorkommt, eine Spaltung in Glyzerin und Fettsäure.

Lagern Fette, die noch Verunreinigungen wie Wasser, Saatreste, Fleischreste usw. enthalten, längere Zeit in der freien Luft oder in feuchten Räumen, so gehen sie allmählich in eine Art Gärung über, bei der eine weitgehende Zersetzung des Fettes stattfindet. Die Fette spalten sich dabei, ihre Fettsäuren oxydieren sich teilweise zu Oxyfettsäuren, und das abgespaltene Glyzerin wird von den Fermenten dieser unreinen Fette zersetzt, aufgebraucht, da Glyzerin in ranzigen Fetten weder als solches noch in Form von Mono- oder Diglyzerid nachzuweisen ist.

Wie schon oben erwähnt, sind die Fette in der Hauptsache Verbindungen zwischen Fettsäuren und Glyzerin. Es gibt nun auch noch andere fettähnliche Substanzen des Tier- und Pflanzenreiches, z. B. die Wachse, bei denen an Stelle des Glyzerins andere Alkohole treten. Bei dem Bienenwachs finden wir eine Verbindung zwischen Palmitinsäure und Myricylalkohol neben freier Zerotinsäure. Der flüssige Anteil des Walrats besteht aus Wachsen, der feste dagegen ist der Palmitinsäureester des einwertigen Cetylalkohols.

Die ungesättigten Fettsäuren können durch Aufnahme (Addition) von Wasserstoff, Halogen, Rhodan, Sauerstoff in gesättigte übergehen. Diese Eigenschaft bedingt auch die Einteilung in nichttrocknende und trocknende Öle. Die ungesättigten Öle können sowohl einfach wie auch mehrfach ungesättigt sein. Die Eigenschaft des Trocknens ist um so ausgeprägter, je ungesättigter das Öl ist bzw. je mehr ungesättigte Säuren oder Ester das Öl enthält. Sinnfällig wird diese Addition durch die Gleichung:

$$\begin{array}{l} CH_3 \\ | \\ (CH_2)_7 \\ | \\ CH \\ \| \\ CH \\ | \\ (CH_2)_7 \\ | \\ COOH \end{array} \quad + \; H_2 \; = \quad \begin{array}{l} CH_3 \\ | \\ (CH_2)_7 \\ | \\ CH_2 \\ | \\ CH_2 \\ | \\ (CH_2)_7 \\ | \\ COOH, \end{array}$$

d. h. 1 Mol Ölsäure addiert zur Bildung von Stearinsäure 2 Atome Wasserstoff: die flüssige Ölsäure geht in die feste Stearinsäure über. Es addiert also

Stearinsäure	$C_{17}H_{35}COOH$	0 Atome Wasserstoff
Ölsäure	$C_{17}H_{33}COOH$	2 „ „
Linolsäure	$C_{17}H_{31}COOH$	4 „ „
Linolensäure	$C_{17}H_{29}COOH$	6 „ „
Klupanodonsäure	$C_{21}H_{33}COOH$	10 „ „

Alle diese natürlich vorkommenden Fette und Öle besitzen in ihrem Fettsäuremolekül eine gerade Anzahl von C-Atomen mit Ausnahme der im Delphintran ermittelten optisch inaktiven Isovaleriansäure und zweier Säuren des Japanwachses von der Zusammensetzung $C_{21}H_{42}O_2$ und $C_{23}H_{44}O_4$. Durch Destillation der Ester der Fettsäuren im Hochvakuum ist der Nachweis von etwa 40 Fettsäuren erbracht worden, von denen bis zu 15 in einem Fett enthalten sein können.

c) Die Fettsäuren

Wie oben schon erwähnt, bestehen alle Fette aus Glyzeriden der Stearin-, Palmitin- und Ölsäure. Daneben findet sich in den Fetten je nach der Herkunft noch eine bestimmte Anzahl anderer Fettsäuren, teils im gebundenen, teils im freien Zustand vor. Ihrer chemischen Konstitution nach teilt man die Fettsäuren in folgende drei Gruppen ein: 1. von der Zusammensetzung $C_nH_{2n}O_2$, die man als nicht hydroxylierte, einbasische, gesättigte Säuren der Essigsäurereihe bezeichnet, 2. von der Zusammensetzung $C_nH_{2n-2}O_2$, $C_nH_{2n-4}C_2$, $C_nH_{2n-6}O_2$, $C_nH_{2n-8}O_2$, $C_nH_{2n-10}O_2$, die man als nicht hydroxylierte, einbasische, ungesättigte Säuren der Ölsäure-, Linolsäure-, Linolensäure-, Arachidon- und Clupanodonsäurereihe bezeichnet und die, den obigen Summenformeln entsprechend, ein, zwei, drei, vier oder fünf doppelte Bindungen besitzen, 3. von der Zusammensetzung $C_nH_{2n-2}O_3$, die man als hydroxylierte, einbasische, ungesättigte Säuren der Rizinusölsäure bezeichnet.

Von der Essigsäurereihe kommen in den Fetten folgende vor: Buttersäure ($C_4H_8O_2$), Capronsäure ($C_6H_{12}O_2$), Caprylsäure ($C_8H_{16}O_2$), Caprinsäure ($C_{10}H_{20}O_2$), Laurinsäure ($C_{12}H_{24}O_2$), Myristinsäure ($C_{14}H_{28}O_2$), Palmitinsäure ($C_{16}H_{32}O_2$), Stearinsäure ($C_{18}H_{36}O_2$), Arachinsäure ($C_{20}H_{40}O_2$), Behensäure ($C_{22}H_{44}O_2$), Cerotinsäure ($C_{26}H_{52}O_2$). Die ersten vier Säuren sind bei gewöhnlicher Temperatur flüssig, mit Ausnahme der Buttersäure ölartig und hinterlassen auf dem Papier zum Teil verschwindende Fettflecke. Sie haben einen unangenehmen ranzigen Geruch, lassen sich unzersetzt destillieren, gehen beim Kochen mit Wasser mit den Wasserdämpfen über und werden deshalb als flüchtige Fettsäuren bezeichnet. Die übrigen Fettsäuren sind bei gewöhnlicher Temperatur fest, geruchlos, hinterlassen auf dem Papier einen Fettfleck, der nicht wieder verschwindet und lassen sich nur im luftleeren Raum oder mit überhitztem Wasserdampf unzersetzt destillieren mit Ausnahme der Laurinsäure, die noch mit gewöhnlichem Wasserdampf übergeht. In Wasser sind sie vollkommen unlöslich, löslich in kochendem Alkohol, woraus sie beim Erkalten auskristallisieren, sie sind leicht löslich in Äther. Ihre Lösungen reagieren auf Lackmus nur schwach. Beim Erhitzen entzünden sie sich und brennen mit rußender Flamme.

Von der Ölsäurereihe kommen in den Fetten folgende vor: Myristoleinsäure ($C_{14}H_{26}O_2$), Palmitoleinsäure ($C_{16}H_{30}O_2$). Ölsäure ($C_{18}H_{34}O_2$), Eruka- oder Brassicasäure ($C_{22}H_{42}O_2$). Diese Säuren sind bei gewöhnlicher Temperatur teils flüssig, teils fest, sämtlich aber bei wenig erhöhter Temperatur schmelzbar. In Alkohol sind sie bedeutend leichter löslich als die Glieder der Essigsäurereihe mit gleicher Kohlenstoffzahl. Sie gehören zu den ungesättigten Säuren und haben demnach die Fähigkeit, unter geeigneten Bedingungen Wasserstoff, Chlor, Brom und Jod, und zwar je zwei Atome aufzunehmen, wobei sie in die Säuren der Essigsäurereihe übergehen.

Die Linolsäure ($C_{18}H_{32}O_2$) und die Linolensäure ($C_{18}H_{30}O_2$) bilden die flüssigen Fettsäuren des Leinöls. Sie besitzen die Fähigkeit, an der Luft leicht Sauerstoff aufzunehmen und sich in feste Körper zu verwandeln, weshalb man sie „trocknende Säuren" nennt.

Die Clupanodonsäure ($C_{22}H_{34}O_2$) ist in der Hauptsache im Tran enthalten und gilt als Hauptträger des Trangeruches.

In der Reihe der Rizinusölsäure ist die Rizinolsäure ($C_{18}H_{34}O_3$) die wichtigste. Sie stellt bei 15° ein dickes Öl dar, das nicht unzersetzt flüchtig ist und sich in Alkohol und Äther in jedem Verhältnis löst.

aa) Die Stearinsäure

Die Stearinsäure ist vorzüglich im Hammel-, Ochsen- und Hirschtalg enthalten, also in sehr harten Fetten. Sie ist sehr fest und hat einen Schmelzpunkt von 69,2° C. Sie kristallisiert in glänzenden weißen Nadeln, die sich fettig anfühlen und zu Pulver zerreiben lassen. Im luftleeren Raume läßt sie sich unverändert destillieren, ist im Wasser unlöslich, dagegen leicht löslich in Äther und siedendem Alkohol und hat weder Geruch noch Geschmack. Sie verbrennt am Docht wie Wachs. Sie wird deshalb in der Hauptsache in der Kerzenfabrikation gebraucht. Oft wird sie mit dem viel billigeren Paraffin gefälscht. Um einen Paraffingehalt nachzuweisen, verfährt man wie folgt: Man kocht die zu untersuchende Stearinsäure mit Kalilauge, wodurch die Kaliseife entsteht, und fügt zu der entstehenden Seifenlösung so lange eine Lösung von Chlorkalzium hinzu, als noch unlösliche Kalkseife ausgeschieden wird. Letztere schließt die Gesamtmenge des Paraffins ein. Die Kalkseife wird nunmehr auf ein Filter gebracht, zuerst mit kochendem Wasser ausgewaschen, getrocknet und dann mit Äther behandelt. Das Paraffin löst sich im Äther und kann nach dem Verdunsten des letzteren gewogen werden.

Die Herstellung der reinen Stearinsäure geschieht wie folgt: Seife aus sehr hartem Talg wird mit Salzsäure erhitzt und so lange gekocht, bis die Fettsäure sich klar abgeschieden hat. Nach dem Erkalten nimmt man den Fettkuchen ab, wäscht ihn ein wenig, löst in starkem siedendem Alkohol und läßt die Lösung erkalten. Die Stearinsäure kristalliert aus. Man kristallisiert nun so oft um, bis man einen Schmelzpunkt von 69,2° C erhält.

bb) Die Palmitinsäure

Diese Säure findet sich in fast allen Tier- und Pflanzenfetten, jedoch nicht so häufig wie die Stearinsäure. Hauptsächlich findet man sie im Palmöl und den weicheren Fetten. Man stellt sie genau so her wie die Stearinsäure, d. h. durch Zerlegung der Seife mit Salzsäure und Umkristallisieren der rohen Palmitinsäure aus starkem Alkohol, bis ihr Schmelzpunkt 62,6° zeigt. Die reine Säure kristallisiert in kleinen, fettglänzenden, schuppenförmigen Kristallen, die in Alkohol und Äther löslich sind. Die Palmitinsäure und Stearinsäure finden sich meist zusammen. Nachstehende Tabelle gibt ungefähre Anhaltspunkte, in welchem Verhältnis beide Fette in einer Mischung vorliegen.

Stearinsäure	Palmitinsäure	Schmelzpunkt °C
100	0	69,2
90	10	67,3
80	20	65,3
70	30	62,9
60	40	60,3
50	50	56,6
40	60	56,3
30	70	55,1
20	80	57,5
10	90	60,1
0	100	62,0

cc) Die Oleinsäure

Die Oleinsäure ist wohl die am meisten verbreitete Fettsäure, sie ist in allen Fetten und Ölen vorhanden. Den größten Anteil macht diese Säure in den nicht trocknenden Ölen aus. Man gewinnt sie beim Verseifen weicher Fette. Zur Trennung von den anderen gesättigten Fettsäuren stellt man ihre Bleisalze dar; nur das Bleioleat ist, im Gegensatz zu den Bleisalzen der gesättigten Säuren, in Äther leicht löslich. Aus dem Bleisalz kann man dann nach Verdunsten des Äthers die Ölsäure durch Salzsäure abscheiden. Im großen wird die Ölsäure durch Auspressen des bei der Fettspaltung erhaltenen Fettsäuregemenges gewonnen.

Die Ölsäure schmilzt bei 14°, ist eine farblose und geruchlose ölige Flüssigkeit, die bei 4° zu einer weißen Masse erstarrt. Sie oxydiert sehr leicht an der Luft und ist nur im Vakuum unzersetzt destillierbar. Sie besitzt eine normale Kohlenstoffkette, denn bei der Reduktion geht sie in Stearinsäure über. Das Vorhandensein einer Doppelbindung in der Ölsäure kann durch Addition von Brom und durch Oxydation mit Kaliumpermanganat in verdünnter Lösung festgestellt werden. Die Doppelbindung befindet sich mitten im Molekül:

$$CH_3 \cdot (CH_2)_7 \cdot CH = CH \cdot (CH_2)_7 \cdot COOH,$$

was daraus hervorgeht, daß sie bei vorsichtiger Oxydation Pelargonsäure $C_8H_{17} \cdot COOH$ und Azelainsäure $COOH \cdot (CH_2)_7 \cdot COOH$ gibt.

Eine ganz eigenartige Umwandlung erleidet die Ölsäure unter der Einwirkung von salpetriger Säure, selbst wenn sie nur mit sehr geringen Mengen derselben in Berührung kommt. Sie erstarrt dann nach einiger Zeit zu einer festen Masse, die Elaidinsäure, die der Ölsäure isomer ist. Diesen Vorgang bezeichnet man als Elaidinreaktion. Sie läßt sich dadurch bewirken, daß man die roten Dämpfe, welche sich beim Erhitzen von Salpetersäure mit Arsenik entwickeln, in Ölsäure einleitet. Elaidinsäure besitzt die gleiche Summenformel wie die Ölsäure, namentlich befindet sich die doppelte Bindung bei beiden an derselben Stelle ihres Moleküls. Beide sind aber isomer. Die Ölsäure stellt die cis-, die Elaidinsäure die trans-Form dar, was sich in ihren verschiedenen Schmelzpunkten ausdrückt.

Diese Reaktion zeigt sich bei allen flüssigen Fetten, die Ölsäure enthalten, und man kann damit festellen, ob die zu untersuchenden Öle aus Glyzeriden der Ölsäure bestehen oder nicht. Die trocknenden Öle und Trane zeigen diese Reaktion nicht. Die Kristalle der Elaidinsäure schmelzen erst bei 45°, lösen sich leicht in Äther und Alkohol.

Die Ölsäure gelangt in zwei Sorten in den Handel, die man Saponifikat- und Destillatolein nennt. Saponifikatolein stammt von der Fettspaltung im Autoklaven unter Druck, das Destillatolein von der Fettspaltung mit Schwefelsäure und nachfolgender Destillation im Dampfstrome. Saponifikatolein ist das bessere und teuere. Olein wird in der Hauptsache zur Herstellung von Textilseifen verwendet. Durch Anlagerung von Wasserstoff geht die zu den ungesättigten Säuren zählende Ölsäure in Stearinsäure über. Auf diesem Verfahren beruht die sogenannte Härtung der Fette, wobei die Doppelbindung des Moleküls durch Aufnahme von Wasserstoff in eine einfache übergeht.

dd) Die Leinölsäuren

Die wichtigsten Säuren des Leinöls sind die Linolsäure ($C_{18}H_{32}O_2$) und die Linolensäure ($C_{18}H_{30}O_2$). Der Trocknungsvorgang bzw. die Filmbildung dieser trocknenden Öle ist sehr verwickelt, so daß wegen Raummangels auf die einschlägige Literatur verwiesen werden muß.

ee) Die Rizinolsäure

Die Zusammensetzung dieser Säure ist $C_{18}H_{34}O_3$. Sie findet sich im Rizinusöl. Man erhält sie durch Verseifen des Öles mit Kalk und Zersetzen der Seife mit Salzsäure als dicke ölige Flüssigkeit, die zwischen -6 und $-10°$ fest wird und an der Luft keinen Sauerstoff aufnimmt.

d) Das Glyzerin

Das reine Glyzerin ist eine sirupartige Flüssigkeit von süßem Geschmack, es ist farblos, sehr hygroskopisch, in jedem Verhältnis mit Wasser und Alkohol mischbar und in Äther unlöslich. Die Wasseraufnahme ist so groß, daß es, auf die Schleimhäute gebracht, das Gefühl der Wärme erzeugt. Seine Wasseranziehungskraft ist so groß, daß es an der Luft etwa 50 % seines Gewichts an Wasser aufnimmt. Der Siedepunkt liegt bei 290°, das spez. Gewicht beträgt bei 15° 1,265. Glyzerin ist ein dreifacher Alkohol und bildet drei Reihen von Estern, je nachdem die Esterifizierung sich auf eine, zwei oder drei Hydroxylgruppen erstreckt. Es ist in der organischen Natur ein wichtiger Bestandteil der Fette und Öle, mit denen es die Fettsäureglyzeride bildet. Seine chemische Konstitution ist $CH_2OH \cdot CHOH \cdot CH_2OH$.

3. Die Begleiter der Fette und Öle

Ständige Begleiter, teils frei, teils gebunden an Fettsäuren, sind die Phosphatide, Cerebroside, Carotinoide, Sterine und Vitamine. Es sind alles Ester hochmolekularer Zusammensetzung.

Zu den Phosphatiden gehören die Lecithine, Verbindungen aus Glyzerinphosphorsäuren, die in ihren alkoholischen Hydroxylgruppen durch Palmitin-, Stearin- oder Ölsäure esterifiziert sind und am Phosphorrest Cholin gebunden haben. In der Natur findet man immer Gemische. Lecithine finden sich im Pflanzen- und Tierreich, in der Gehirnsubstanz, im Eidotter usw. Hängt an dem Phosphorrest statt Cholin Kolamin, so entstehen die Cephaline. Beide sind gute Emulsionsvermittler.

Sterine sind stickstofffreie Substanzen, die eine alkoholische Hydroxylgruppe besitzen. Nach ihrem Vorkommen unterscheidet man Cholesterin und pflanzliche Cholesterine oder Phytosterine. Von letzteren sind mehrere bekannt. Daneben existieren noch Oxycholesterin, Koprosterin und Isocholesterin.

Cholesterin findet man in Galle, Gehirnmasse, Eidotter, Wollfett usw. Es bildet weiße, fettige Blättchen, die, in Wasser unlöslich, sich in Äther, Chloroform und heißem Alkohol lösen. Es ist ein guter Emulgator und vermag mit viel Wasser eine gleichmäßige Masse (Lanolin) zu bilden.

Phytosterine sind in allen Pflanzen enthalten, besonders in Samen von Erbsen, Bohnen, Mandeln usw.

Vitamine sind Körper, die, in minimalen Mengen dem Organismus zugefügt, die normale Entwicklung und den Stoffwechsel aufrechterhalten. Fehlen einzelne Vitamine, so werden krankhafte Störungen (Rachitis, Skorbut usw.) hervorgerufen. Sie sind keine einheitliche Körperklasse und sind entweder fett- oder wasserlöslich. Man bezeichnet sie mit Buchstaben (A, B, C usw). Sie entstehen wahrscheinlich nur in den Pflanzen und gelangen erst von diesen in den tierischen Organismus. Vitamin A befindet sich besonders in der Milch, Butter usw. Sein Fehlen bewirkt Wachstumsstillstand junger Tiere. Vitamin B, das die Beri-Beri-Krankheit verhindert, wird wieder unterteilt in B_1, B_2 usw. B_1 ist antineuritisch, enthalten in den Keimen der Getreidearten, ferner in Fleisch, Hefe und Früchten, wasserlöslich und gegen höhere Temperaturen empfindlich. B_2 verhindert Wachtumshemmung und Dermatitis, wasserlöslich und findet sich in Hefe, Milch, Leber, Tomaten, Reis usw. Vitamin C wirkt antiskorbutisch und findet sich in Zitronen, Orangen, Gemüse. Bei Temperaturen von ca. 40° C und durch Sauerstoff wird es zerstört. Es fehlt daher in allen Konserven. Vitamin D ist antirachitisch. Es entsteht durch Bestrahlung mit ultraviolettem Licht aus Ergosterin, einem Phytosterin (Vigantol). In der Natur findet man es im Lebertran der Fische. Vitamin E ist fettlöslich und ein Fortpflanzungsvitamin. Es gehört zu den natürlichen Antioxydantien. Vitamin F dient als Hautnahrung in der Herstellung kosmetischer Präparate. Vitamin K ist ebenfalls fettlöslich und ist im Leberfett des Schweines gefunden worden.

Alle diese Begleiter werden als Lipoide bezeichnet und analytisch überwiegend als „das Unverseifbare“ bestimmt.

4. Die Gewinnung der Fette und Öle

Die pflanzlichen Fette und Öle gewinnt man entweder durch Pressung oder durch Extraktion der Samen oder Früchte mit Hilfe von Fettlösungsmitteln. Bei Eingang der

Ware ist auf sorgfältige Einlagerung Wert zu legen, damit keine Verluste durch Verschimmeln oder Ranzigwerden eintreten. Die durch kaltes Pressen erzielten Produkte sind die besten und kommen für die technische Verwendung nicht in Betracht. Durch heißes Pressen gewinnt man geringere Sorten. Den Rückstand bilden die Ölkuchen, die als Futtermittel benutzt werden. Für die Verwendung als Speiseöl ist die Reinigung der Saat von großer Bedeutung. Diese Reinigung erfolgt durch Absieben des Schmutzes und Staubes, durch Entfernen von Stein- und Eisenteilen oder auch durch Bürsten.

Erdnüsse, Baumwollsaat, Palmfrüchte usw. müssen zuvor geschält werden. Darauf wird das Material mit Hilfe von Walzenmühlen zerkleinert. Nach dem Zerkleinern wird das Material vorgewärmt und gelangt dann in die Pressen. Die Pressen sind verschieden gebaut. Die Konstruktion richtet sich nach dem zu verarbeitenden Gut.

Neuzeitliche Pressen entölen die Saat bis auf 2,5 bis 3 %, und damit dürfte das Ziel einer größtmöglichen Ausbeute erreicht sein.

Zum Zerkleinern der zurückbleibenden Ölkuchen dienen die Ölkuchenbrecher, durch welche die Kuchen auf Nuß- bis Hühnereigröße, je nach der Art der Maschinen sowie Dicke und Härte der Kuchen, zerkleinert werden. Die Auswahl der Maschinen zur weiteren Zermahlung der vorgebrochenen Ölkuchen richtet sich danach, ob die Herstellung von Schrot, mehlreichem Schrot oder feinem Mehl beabsichtigt ist.

Die heiß gepreßten Öle enthalten meist viel freie Fettsäuren, entstanden häufig durch fermentative Spaltung. Die Bildung der freien Fettsäuren bedeutet aber einen Verlust an Glyzerin. Besonders auffallend ist die Bildung der freien Fettsäuren, herrührend von fermentativer Spaltung beim Palmöl, das nach langem Lagern vollkommen in Fettsäure übergehen kann. Das abgespaltene Glyzerin zersetzt sich sofort und entzieht sich als solches der Gewinnung und dem Nachweis. An Stelle der Pressung wendet man auch die Methode der Extraktion an. Den Vorschlag, den Ölfrüchten das Öl durch Extraktion zu entziehen, hat zuerst Deiß um das Jahr 1850 gemacht. Weiterhin werden die Preßrückstände der Oliven, die Sanse, bereits seit dem Jahre 1860 in Marseille durch Schwefelkohlenstoff entfettet. Das Produkt, welches durch einen Gehalt an Chlorophyll grün gefärbt ist, ist unter der Bezeichnung „Sulfuröl" im Handel. Als Extraktionsmittel kommen neben Benzin, Benzol und Schwefelkohlenstoff noch Körper in Betracht wie Trichloräthylen, auch „Tri" genannt, Perchloräthylen, Tetrachlorkohlenstoff, kurz mit „Tetra" bezeichnet. Neuerdings extrahiert man in der Hauptsache mit Hexan, das durch seinen niedrigen und einheitlichen Siedepunkt die Eigenschaft hat, wenig unerwünschte Fremdstoffe mit zu extrahieren. Für die Wahl der Apparatur ist die täglich zu extrahierende Menge maßgebend. Für die Rentabilität spielt der Verbrauch an Dampf eine Hauptrolle.

Die durch kontinuierliche Pressen vorbehandelten Ölsaaten werden der Extraktion unterworfen. Die Vorpressung erleichtert die Extraktion, da hierbei die ölhaltigen Zellen geöffnet werden und das Extraktionsmittel leichter angreifen kann. Ein einfaches Zermahlen genügt nicht. Weiterhin ist es nötig, den Feuchtigkeitsgehalt der Saaten auf ein Optimum zu stellen (6—10 %). Je besser die Saaten vorbehandelt wurden, desto kürzer ist die Extraktionszeit.

Man wendet heute horizontale oder Becherwerksextrakteure an und geht allmählich zur kontinuierlichen Extraktion über. Nach dieser wird das Öl durch geeignete Verdampfer vom Lösungsmittel befreit, wobei letzteres wieder zurückgewonnen wird.

Die Gewinnung der tierischen Fette erfolgt meist durch Ausschmelzen über freiem Feuer unter Zusatz von Wasser. Um die Zellwände zu sprengen, setzt man einige Prozente Schwefelsäure zu. Fette, welche der Ernährung dienen sollen, werden mit Dampf ausgeschmolzen. Besondere Verfahren, wie z. B. die Gewinnung von Fett aus Knochen oder von Feintalg aus Rohtalg, werden bei der Besprechung des betreffenden Fettes erläutert werden.

Das älteste Verfahren zur Gewinnung pflanzlicher Öle ist, wie oben bereits erwähnt, das der Pressung. Da hierbei in den Ölkuchen noch eine ziemliche Menge Öl zurückbleibt, das durch stärkeres Pressen nicht gewonnen werden kann, auch nicht durch die größte Vervollkommnung der Maschinen, ist dieses Verfahren durch die Extraktion überflügelt worden. Um das Preßverfahren konkurrenzfähiger zu gestalten, verbesserte man nicht nur die Maschinen, sondern man legte auch mehr Wert auf die Vorbereitung des Saatgutes, indem man letzteres besser zerkleinerte durch größere Walzenaggregate und wirksamere Wärmepfannen. Allein durch diese Änderungen der apparativen Einrichtungen konnten keine weiteren Fortschritte erzielt werden. Man erforschte nun die Vorgänge beim Preßverfahren nach wissenschaftlichen Methoden und kam dabei zu dem Ergebnis, daß man nur noch durch eine vollkommene Änderung des technologischen Prozesses einen Fortschritt erzielen könne. Namhafte Forscher studieren nun die chemischen und physikalischen Vorgänge beim Preßverfahren. Diese Forschungen sind noch nicht abgeschlossen, haben aber doch schon wesentliche Ergebnisse zu verzeichnen.

Für das Preßverfahren ist das Verständnis der Struktur der Ölsaat und die Form, in welcher sich das Öl in der Saat befindet, von großer Wichtigkeit. Bei der Bildung des Öles aus Fettsäure und Glyzerin ist dasselbe im molekularen Zustand, also äußerst fein verteilt. Dieser Zustand währt jedoch nicht lange. Es hat das Bestreben, sich zusammenzuziehen und eine möglichst kleine Oberfläche einzunehmen. In der saftgefüllten Pflanzenzelle, in welcher das Öl entsteht, befindet es sich als Emulsion. Bei der Reifung der Saat verliert die Zelle immer mehr Wasser, so daß die Emulsion gestört wird und das Öl als flüssige Phase auftritt, umgeben von eingetrocknetem Plasma. Das ganze Saatkorn ist demnach eine Ansammlung von vielen kleinen Zellen, die durch die Austrocknung zusammengeschrumpft und deren Hohlräume mit Öl angefüllt sind.

Nachdem das Saatkorn einen von der Natur bestimmten Austrocknungsgrad erreicht hat, erlischt in ihm alles Leben, das erst wieder erwacht, wenn durch äußere Bedingungen die Aufnahme von Wasser ermöglicht wird. Das in dem Samen aufgespeicherte Öl stellt eine Nahrungsreserve für das Erwachen des neuen Lebens dar und wird bei erneuter Aufnahme von Wasser mit Hilfe von Fermenten wieder abgebaut. Es ist also erforderlich, daß die Ölsaaten trocken gelagert und, falls sie in feuchtem Zustande angeliefert werden, vor der Einlagerung getrocknet werden müssen. Dies ist für die Praxis äußerst wichtig, da sonst große Verluste an Öl und Schäden durch die bei der Wasseraufnahme entstehende Wärme, die ganz erheblich sein kann, entstehen.

Vor dem Pressen wird die Ölsaat auf besonderen Walzenmaschinen gemahlen. Durch diesen Vorgang wird der Zellaufbau zerstört, die Zellwände teilweise zerrissen und somit der Ölaustritt erleichtert. Man sollte nun annehmen, daß die Ölausbeute am höchsten bei einer äußerst feinen Zermahlung sei. Die Versuche haben bewiesen, daß dies nicht der Fall ist, sondern daß man ein Optimum bei einer bestimmten, für jede Saatart anders liegenden Korngröße erreicht. Das hat man damit zu erklären versucht, daß mit dem Zerkleinerungsgrad auch die Oberfläche des Mahlgutes wächst und damit auch die Oberflächenkräfte, die bestrebt sind, das Öl zurückzuhalten. Das Optimum hat man in der Praxis durch Vorversuche festzustellen.

Nach dem Mahlen des Saatgutes wird dieses angefeuchtet und erwärmt. Das Anfeuchten hat den Zweck, das Öl von den Zellteilchen abzulösen. Das Wasser hat zu den Plasmateilchen eine größere Affinität als das Öl, wird also von diesen leicht aufgesogen, wobei das Öl frei wird. Durch die Erwärmung wird das Öl leichtflüssiger und fließt daher besser ab. Das Trocknen nach dem Anfeuchten hat den Zweck, das Saatgut in ein preßfähiges Arbeitsgut zu verwandeln. Bei zu großer Feuchtigkeit würde die Masse aus der Presse austreten und den Ölaustritt erschweren. Eine bestimmte Feuchtigkeit ist aber wiederum nötig, um dem Preßkuchen eine gewisse Festigkeit zu verleihen. Bei der Pressung bestehen also zwei gegenläufige Vorgänge: Zusatz von Wasser, um das Öl von den Bindekräften der

Zellteilchen zu befreien, und das nachträgliche Trocknen, um ein preßfähiges Gut zu erhalten, wodurch der Zweck des vorangehenden Befeuchtens wieder aufgehoben und ein Zurücksaugen des Öles von den Zellhäuten wieder ermöglicht wird. In diesen Gegensätzen sind die großen Schwierigkeiten begründet, die Ausbeuten beim Preßverfahren zu erhöhen.

5. Die Lagerung der Fette und Öle

Die Lagerung und der Transport der Fette und Öle erfolgte früher in der Hauptsache in Holzfässern. Diese waren billig und konnten mehrmals verwendet werden. Jedoch entstanden vor allem im Sommer durch Leckage oft ziemliche Verluste. Um diese zu vermeiden, ist man schon seit längerer Zeit auf Eisenfässer oder die leichten Drums übergegangen. Dadurch hat man Leckageverluste nahezu ganz vermieden. Durch sorgfältige Reinigung mittels Natronlauge und heißem Wasser lassen sich die Eisenfässer leicht reinigen.

Um die Gefahr zu vermeiden, daß die Fässer innen Rost ansetzen und damit namentlich die Fettsäuren verfärben und unansehnlich machen, versieht man die Fässer mit einem Innenschutz, indem man sie entweder verzinkt, verzinnt oder mit Kunststoff auskleidet. Auch ist man dazu übergegangen, Fässer aus Aluminium herzustellen, die sich sehr gut bewährt haben.

Für feste Fette verwendet man heute auch Eisenfässer mit abschraubbarem Deckel. Sie können sehr leicht gereinigt werden.

Für Großverbraucher erfolgt die Verladung der Öle und Fette in Kesselwagen oder Tanklastzügen. Diese sind mit Heizschlangen versehen, um die Fette, vor allem im Winter, wieder verflüssigen zu können. Handarbeit ist damit fast ganz ausgeschaltet, da die Kesselwagen direkt an Pumpen angeschlossen werden, die die Fette und Öle in große Vorratsbehälter, deren Innenflächen natürlich ebenfalls mit korrosionsfreien Stoffen ausgekleidet sein müssen, befördern.

6. Die Veredelung der Fette und Öle

a) Bleichen

Zum Bleichen der Fette und Öle wendet man die verschiedensten Verfahren an. Häufig gelangt man bei den Ölen zu dem gewünschten Erfolg durch Vermischen mit Natronlauge oder Schwefelsäure. Energisch wirkende Bleichmittel sind die Superoxyde, vor allem Wasserstoffsuperoxyd und Luzidol (Benzoylsuperoxyd) oder Chlor in statu nascendi. Die Bedingungen, unter denen Bleich- bzw. Entfärbungsmittel anzuwenden sind, müssen durch Vorversuche ermittelt werden. Rührt z. B. die Färbung von Eisensalzen her, so eignet sich das „Blankit" der *Badischen Anilin- und Sodafabrik*. Ausgedehnt ist die Anwendung von Bleicherde, z. B. Frankonit, Tonsil, Alsil. Dieselben sind von gelber bis grauweißer Farbe und bestehen im wesentlichen aus wasserhaltigem Aluminiumsilikat neben Eisen-, Kalzium- und Magnesiumsilikat. Diese Erden werden geschlämmt, kalziniert und gemahlen. Man vermischt 2—10 kg Erde mit 100 kg Fett oder Öl und erwärmt auf 70—90° C. Während einer Stunde wird kräftig gerührt und durchgekrückt. Nach dem Erkalten wird filtriert. Sowohl die anzuwendende Menge wie auch die Temperatur stellt man am besten durch einige Vorversuche fest.

Die Wirkung der Bleicherden wird durch deren Behandlung mit Säure, z. B. Salzsäure, wesentlich erhöht. Man spricht von einer Aktivierung der Bleicherden. Amerikanische und englische Bleicherden, wie Floridaerde und Fullererde, brauchen nicht aktiviert zu werden, wogegen die deutschen Erden ohne Behandlung mit Säuren wenig oder gar keine Bleichwerte zeigen. Bei der Wertbeurteilung einer Bleicherde ist auch die Feststellung der Ölmenge, die in der Erde nach erfolgter Filtration zurückbleibt, von nicht zu unterschätzender Bedeutung. Für einen Betrieb spielt es natürlich eine große Rolle, wie man die ölhaltigen Bleicherderückstände vorteilhaft verwendet. Die Entfettung der Rückstände kann auf verschiedene Weise vorgenommen werden. Das einfachste Verfahren ist, die ölhaltige Erde mit heißem Wasser zu behandeln, wodurch ein Teil des Öles aus der Erde verdrängt wird, sich auf dem Wasser ansammelt und abgenommen werden kann. Dieses Verfahren ist jedoch unvollkommen, da dabei der größte Teil des Öles in der Erde zurückbleibt. Eine völlige Gewinnung des Öles erreicht man nur durch Extraktion mit Benzin oder anderen Lösungsmitteln. In kleineren Betrieben, die sich zu diesem Zwecke eine Extraktionsanlage nicht leisten können, kann man das Öl aus den Bleicherderückständen durch einfaches Verseifen wiedergewinnen. Dazu rührt man die Rückstände mit der gleichen Menge Wasser an, bringt zum Sieden und verseift mit Natronlauge von 38° Bé, salzt mit starker Kochsalzlösung aus und läßt die Erde absetzen. Hierbei hat man festgestellt, daß sich die Erde nur sehr langsam absetzt und meist in der Seife schweben bleibt. Ein schnelleres und vollständiges Absetzen erreicht man jedoch, wenn man nach dem Aussalzen kaltes Wasser in den Kessel gibt, ohne umzurühren. Auf diese einfache Weise hat man nahezu alles Öl wiedergewinnen können.

Um die gebrauchten Bleicherden durch Regenerierung wieder gebrauchsfähig zu machen, sind viele Patente erteilt worden. Praktische Erfolge hat man damit jedoch nicht erreicht, da die Anlagen zur Regenerierung und der Aufwand an Zeit und Heizkraft das fragwürdige Ergebnis nicht lohnen.

Das Bleichen der Fette und Öle mit Bleicherden gewinnt immer mehr Bedeutung, da es ganz besondere Vorteile bietet. Für die Seifenfabrikation wirkt sich diese Bleichung sehr günstig aus, da die Bleicherden auch eine bedeutende Geruchsverbesserung schlecht riechender Fette erzielen. Man kann dabei sogar ohne Filterpresse auskommen, da es vollkommen genügt, die flüssige Fettmasse nach längerem Absitzenlassen von der Bleicherde abzunehmen und das in der Erde noch verbleibende Öl mit Alkalilaugen zu verseifen. Der Ölverlust ist dabei sehr gering.

b) Entfärben

Es kommen in der Natur mehrere pflanzliche Öle vor, die eine eigene starke Färbung besitzen, z. B. das rohe Palmöl mit orangegelber bis rotbrauner Farbe. Diese Farbe wird durch Verseifung nicht zerstört. Wohl aber gelangt man durch Anwendung von anderen Verfahren zu einem sehr hellen, fast weißen Öl. Der rote Farbstoff des Palmöles läßt sich durch Behandlung des erwärmten Öles mit Kaliumbichromat und Salzsäure oder, indem man durch das flüssige Öl Luft hindurchbläst, zerstören. (Näheres hierüber siehe unter Palmöl.)

c) Raffinieren

Um ein Öl für Genußzwecke verwendbar zu machen, muß dasselbe einer Raffination unterworfen werden. Zu diesem Zwecke wird das Öl durch starke Natronlauge sorgfältig entsäuert und durch Waschen mit Wasser oder auch kochsalzhaltigem Wasser von der Seife befreit. Die anzuwendende Menge Lauge wird aus der S. Z. berechnet. Darauf werden in einem Desodorierapparat die Riechstoffe durch Behandlung mit überhitztem Dampf im Vakuum entfernt. Die Kennzahlen werden durch die Raffination nicht verändert. Die Rückstände aus der Raffination werden mit verdünnter Schwefelsäure behandelt. Es scheiden sich Fettsäuren mit beigemengtem Neutralfett aus, ein Gemisch, das unter der Bezeichnung „Soapstock" in den Handel kommt und als Rohmaterial bei der Herstellung von Seife benutzt wird.

Bei der Entsäuerung des Öles kennt man heute im großen und ganzen zwei Methoden, nämlich die Neutralisierung mit konzentrierten Laugen bei mäßigen Temperaturen und die Entsäuerung mit schwachen Laugen bei Siedetemperatur. Die Entsäuerung mit schwachen Laugen (3—7° Bé) nimmt man in zylindrischen, unten konisch zulaufenden Behältern, ohne Rührwerk und Heizschlangen vor, da sich auf diesen zu leicht Seifen und andere Rückstände niederschlagen, die sich auf das Endergebnis nachteilig auswirken.

Zur feinen Verteilung der Lauge wird diese brausenartig über das Öl gegossen. Die Menge der Lauge richtet sich nach dem Säuregrad des Öles. Bei der Entsäuerung mit starker Lauge ist die anzuwendende Flüssigkeit natürlich sehr gering, weshalb hierbei ein intensives Rühren notwendig ist, damit alle Ölteilchen mit der Lauge in Berührung kommen.

Nach kurzer Zeit setzt sich die entstehende Seife (Soapstock) nach unten ab, und das Öl kann von oben abgepumpt werden. Anschließend wird das Öl durch Filterpressen oder durch Anschwemmfilter nach Seitz filtriert. Darauf folgt die Dämpfung zwecks Entduftung in Vakuumapparaten mit Hilfe von überhitztem Dampf.

Man ist heute, zumal in größeren Betrieben, zur kontinuierlichen Raffination übergegangen, wodurch eine vorteilhafte Arbeitsweise durch Zeitgewinn und Herabsetzung der Fettverluste unter Verwendung von Zentrifugen (Sharples-System, de Laval, Westfalia usw.) gewährleistet wird.

d) Fetthärtung

Bekanntlich herrscht seit etwa 50 Jahren auf dem Fettmarkt ein empfindlicher Mangel an harten Fetten. Auch ist von jeher ein festes Fett im Preis höher bewertet worden als ein flüssiges Öl. Es ist daher auch verständlich, daß man seit langem danach getrachtet hat, weiche und flüssige Fette durch ein Verfahren in feste zu verwandeln. Ein älteres Verfahren bestand darin, den Hauptbestandteil des flüssigen Anteils des Talges, des Knochenfettes und anderer Fette durch Behandlung mit konzentrierter Schwefelsäure in Stearinschwefelsäure zu überführen. Behandelt man diese mit Wasser und Dampf, so spaltet sie sich in Schwefelsäure und Isoölsäure. Diese ist bei gewöhnlicher Temperatur fest und hat einen Schmelzpunkt von 44 bis 45°. Befriedigen konnte das Verfahren allerdings noch nicht, da immer noch ein großer Prozentsatz des flüssigen Bestandteiles sich der Umsetzung entzog und auch die Isoölsäure noch einen ziemlich niedrigen Schmelzpunkt im Vergleich zur Stearinsäure aufwies. Man suchte deshalb weiter nach anderen Möglichkeiten.

Weiche und flüssige Fette enthalten viel Fettsäuren mit ungesättigten Bindungen, und man wußte auch, daß man durch Anlagerung von Wasserstoff an diese Bindungen zu gesättigten gelangen kann. Wenn man z. B. an die Ölsäure $C_{18}H_{34}O_2$ 2 Atome Wasserstoff bindet, so verschwinden die Doppelbindungen und es entsteht die Stearinsäure $C_{18}H_{36}O_2$. Das Problem der Wasserstoffanlagerung wurde nun von Paul Sabatier gelöst, welcher fand, daß bei Verwendung von gewissen Katalysatoren der Verlauf der Reaktion wesentlich begünstigt wird. Katalysatoren sind Substanzen, die einen chemischen Vorgang begünstigen oder langsamer verlaufen lassen, ohne selbst dabei in Reaktion zu treten. Nur durch ihre bloße Anwesenheit ist der schnellere oder langsamere Verlauf bedingt. Als Katalysator oder Kontaktsubstanz wurde nun von Sabatier Nickel gefunden. Durch Nickel in sehr fein verteiltem Zustand geht die Wasserstoffanlagerung einwandfrei vor sich. Die Schwierigkeit bestand nun darin, das Nickel in den verlangten fein verteilten Zustand zu bringen. Dazu erhitzt man Nickelnitrat bis zur völligen Umwandlung in Nickeloxyd und reduziert dasselbe in einem Wasserstoffstrom bei 350° wieder zu Metall. Da ein solches Nickel an der Luft sehr leicht oxydiert, muß man es vor Sauerstoff gut schützen, da es sonst unwirksam wird.

Sabatier gelang es nun, mit dieser Kontaktsubstanz die Anlagerung von Wasserstoff an ungesättigte Fettsäuren mit doppelter und dreifacher Bindung ohne Schwierigkeit durchzuführen. Auch ungesättigte Kohlenwasserstoffe konnten auf diese Weise hydriert werden. Aus der Ölsäure erhielt man reine Stearinsäure. Normann hat nun als erster auf Grund der Arbeiten von Sabatier ein technisch brauchbares Verfahren zur Fetthärtung entwickelt, worauf der Maschinenfabrik Leprince & Sievke in Herford das DRP. Nr. 141 029 vom 14. August 1902 erteilt wurde. Auf diese Weise lassen sich nicht nur freie Fettsäuren, sondern auch die Neutralöle hydrieren. Dieses ist für die

Speisefettfabrikation von großer Bedeutung, das es nunmehr möglich war, die bis dahin fast ungenießbaren Trane in geruchlose, harte und weiße Fette zu verwandeln. Bei der Verwendung der hydrierten Fette zu Speisezwecken ist es Vorbedingung, daß das Endprodukt frei von Nickel ist, Dies wird erreicht, wenn das Ausgangsprodukt nicht über 0,2 % freie Fettsäure enthält.

Die Hydrierung findet im Regelfalle in dampfgeheizten Autoklaven bei einer Temperatur von 170—180° statt. Man hat es ganz in der Hand, das Öl vollständig oder nur teilweise durchzuhärten. Der Zusatz der Kontaktsubstanz beträgt 1—5 %, und während des Vorganges ist für intensives Rühren zu sorgen, damit der Wasserstoff mit dem Öl immer in gute Berührung kommt.

Die Apparatur besteht aus einem mit Heizmantel versehenen Autoklaven. Die Emulsion tritt durch mehrere Düsen, in der Regel 2, von oben ein. Von unten wird bei einem Druck von ca. 9 atü durch eine Düse Wasserstoff eingeleitet. Der Apparat steht bei einer Temperatur von ca. 100—120° C unter demselben Druck. Je nach der Höhe der Temperatur und der Dauer der Einwirkung des Wasserstoffes erhält man ein weicheres oder festes Produkt.

Da bei der Hydrierung das Ausgangsprodukt vollständig verwandelt wird, finden sich im Endprodukt selbstverständlich auch ganz andere Kennzahlen. Die Schmelz- und Erstarrungspunkte werden erhöht, die Jodzahl wesentlich erniedrigt, ebenso der Brechungsexponent, während die Verseifungszahl ungefähr die gleiche bleibt.

Das Ausgangsprodukt für die Hydrierung ist in der Hauptsache der Tran, ferner sämtliche flüssigen Öle. Das gehärtete Fett ist ein vollwertiger Ersatz für die harten natürlichen Fette.

Mit der Zeit entstand noch eine ganze Reihe anderer Verfahren zur Hydrierung, deren Grundprinzip, die Wasserstoffanlagerung, natürlich das gleiche geblieben ist, aber deren Kontaktsubstanzen, Temperatur- und Druckverhältnisse geändert wurden. Sie haben sich zum großen Teil alle in der Praxis bewährt.

Um ein gehärtetes Fett auf einen Nickelgehalt zu prüfen, wendet man zum qualitativen Nachweis desselben das Dimethylglyoxim an, das auch in sehr verdünnten Lösungen (1 : 400 000) eine rote Färbung oder Niederschlag hervorruft.

Zum Nachweis von Nickel verfährt man folgendermaßen: Man verascht durch ruhiges Abbrennen etwa 100 g Fett in einer Platinschale und glüht den Rückstand über dem Bunsenbrenner. Die Asche wird mit einigen ccm salzsäurehaltigem Wasser und wenigen Tropfen Salpetersäure durchfeuchtet und erhitzt. Alsdann wird mit Ammoniak übersättigt und nach einigen Stunden von dem ausgeschiedenen Eisen- und Aluminiumhydroxyd abfiltriert. Das Filtrat wird auf dem Wasserbade zur Trockne eingedampft. Der Rückstand wird zuerst mit Ammoniak und dann mit 1 % alkoholischer Dimethylglyoximlösung betupft. Bei Gegenwart von Nickel tritt Rotfärbung ein. Zum Nachweis von gehärtetem Tran im Talg werden die festen Fettsäuren nach dem Bleisalzalkoholverfahren isoliert. Die J. Z. dieser Fettsäuren liegt bei reinem Talg zwischen 4 und 5, während sie bei gehärteten Tranen über 20 bis über 40 ist.

e) Veresterung

Die Überführung von sauren Fetten in Speisefette erfolgt außer den unter c) angeführten Verfahren noch durch eine direkte Veresterung der sauren Fette. Hiervon ist das Verfahren nach Wittka das wirtschaftlichste. Nach entsprechender Vorreinigung und Bleichung, diese möglichst durch Bleicherde, gelangen die sauren Fette zur Veresterung, die in Gegenwart von Katalysatoren (Zink, Zinn, Alkalien usw.) in einem hohen Vakuum leicht vor sich geht.

7. Das Verhalten der Fette und Öle

a) Allgemeines

Die Fette unterscheiden sich physikalisch von den ätherischen Ölen dadurch, daß sie nicht flüchtig sind und auf dem Papier einen bleibenden Fettfleck erzeugen. Sie sind in Wasser unlöslich, spezifisch leichter als dieses und schwimmen daher auf ihm. Außerordentlich zahlreich sind die Löungsmittel. Genannt seien Äther, Chloroform, Schwefelkohlenstoff, Benzin, Petroläther, Tetrachlorkohlenstoff, Trichloräthylen, Benzol, Toluol, Xylol, Tetralin, Hexalin, Dekalin usw. Rizinusöl ist in Petroläther unlöslich, löslich dagegen in Alkohol. Verreibt man Fett mit einer wäßrigen Gummilösung, so erhält man eine Emulsion, in welcher sich das Fett in kolloidaler Verteilung befindet. Eine ähnliche Emulsion erhält man durch Zusammenschütten gleicher Teile Öl und Kalkwasser oder auch Ammoniak. Die meisten Verfahren, Öle und Fette in wäßrigen Emulsionen herzustellen, bestehen in der Anfertigung überfetteter Kali-, Natron- oder Ammoniakseifen. Um die Haltbarkeit dieser Emulsionen zu steigern, werden Verdickungsmittel, wie Leim, Agar-Agar, Gelatine, Isländisches Moos, Tylose, Fondin u. dgl., zugesetzt. Nach dem Verfahren von Boleg werden emulgierte Öle mit Hilfe überalkalischer Harzseifen hergestellt. Nach Kösters haben die Amido- bzw. Azetylderivate aromatischer Basen, als deren Hauptvertreter das Stearinanilid zu bezeichnen wäre, in Verbindung mit Spuren von fettsauren Alkalien die Eigenschaft, Öle und Fette in der vollkommensten Weise mit Wasser zu emulgieren.

b) Einwirkung von Luft

Manche Öle, wie z. B. Leinöl, haben die Fähigkeit, der Luft ausgesetzt, Sauerstoff aufzunehmen, zu erhärten und eine feste Haut, einen Firnis, zu bilden. Diese nennt man „trocknende Öle". Andere, wie z. B. Olivenöl, bilden bei langem Stehen an der Luft nur schmierige Massen. Diese nennt man „nichttrocknende Öle". Der Hauptbestandteil der nichttrocknenden Öle ist das Triolein, während Tristearin und Tripalmitin in geringerer Menge vorhanden sind. Die trocknenden Öle bestehen im wesentlichen aus den Glyzeriden ungesättigter Säuren, wie Linolsäure $C_{17}H_{31}COOH$, der Linolensäure $C_{17}H_{29}COOH$ usw. und enthalten meist nur bis 8 % gesättigte Fettsäuren. Von der Ölsäure unterscheiden sich diese Säuren chemisch durch eine geringere Anzahl von H-Atomen. Es sind Säuren, welche durch Sauerstoff- oder Wasserstoffanlagerung leicht fest werden.

Die Produkte, welche sich bei der Einwirkung von aktivem Sauerstoff auf ungesättigte Säuren bilden, sind verschieden, je nachdem Kaliumpermanganat oder Ozon zur Reaktion benutzt wird. So entsteht bei Anwendung von Kaliumpermanganat aus der Ölsäure, $C_{17}H_{33}COOH$, die Dioxystearinsäure, $C_{17}H_{33}(OH)_2COOH$, der Linolsäure, $C_{17}H_{31}COOH$, die Sativinsäure, $C_{17}H_{31}(OH)_4COOH$, der Linolsäure, $C_{17}H_{29}COOH$, die Linusinsäure, $C_{17}H_{29}(OH)_6COOH$, der Isolinolensäure die Isolinusinsäure.

c) Einwirkung von Luft und Licht

Sind Fette längere Zeit der Einwirkung der Luft und des Lichtes ausgesetzt, so werden anfangs Fettsäuren frei. Das Fett oder Öl wird hydrolytisch gespalten und also sauer. Einen niedrigen Säuregehalt, ausgedrückt durch die Bestimmung des Säuregrades, läßt das DAB 6 bei den off. Fetten und Ölen zu. Derselbe ist meist auf 8 beschränkt, ausgenommen Kakaobutter mit 4 und Lebertran mit 5 S.G. Durch Sauerstoffaufnahme gehen die sauren Fette und Öle in meist übelriechende oxydierte Fettsäuren über: das Fett wird ranzig.

Die Ursachen der Ranzidität sind verschieden und sehr oft, obwohl man die Ranziditätsarten in mehrere Klassen eingeteilt hat, schwer voneinander zu trennen. Man unterscheidet die Ursachen in 1. autoxydativen Abbau (Aldehydranzidität), 2. hydrolytischen Abbau durch Fermente, 3. Abbau unter Ketonbildung, 4. biochemischen Abbau durch Mikroorganismen, vor allem Schimmelpilze (Penicillium, Parfümranzigkeit).

Bei der Ranzidität handelt es sich demnach um einen sehr komplizierten Vorgang, der zur Bildung von Aldehyden, Acryl-, Essig- und Ameisensäure, Alkoholen oder Ketonen führt.

Nach der Dakinschen Synthese liefern gesättigte Fettsäuren durch Oxydation mit Wasserstoffsuperoxyd bei Gegenwart von Ammoniak Ketone, und zwar jede Fettsäure ein besonderes Keton. So bildet sich aus der Kaprylsäure Methylamylketon, aus Kaprinsäure Methylheptylketon, aus Laurinsäure Methylnonylketon, der Myristinsäure Methylundezylketon. Aus Kokosöl, Palmkernöl, Babassufett, Lorbeeröl, Butter entstehen bei der Zersetzung höhermolekulare Methylketone. Diese bedingen bei verdorbener Margarine den esterartigen, ranzigen Geruch und den seifigen Geschmack. Die Ranzidität wird gefördert durch die Zersetzung der geringen Mengen Eiweißstoffe, wie solche in jedem Fett vorhanden sind. Dabei ist der Nährboden für Bakterien gegeben, und es setzt eine Gärung ein, bei welcher sich auch Alkohole bilden. Höhere Fettsäuren werden zu niederen abgebaut, die sich mit den Alkoholen verestern. Täufel hat festgestellt, daß an der Autoxydation von Fetten und Ölen Zellinhaltsstoffe beteiligt sind.

Dagegen ist aber auch das Vorkommen von *Antioxydantien* beobachtet worden. Oxydationshemmende Körper sind in Getreidekeimölen nachgewiesen worden. Als Antioxydantien wirken Phenole, Chinone und Nitroverbindungen. Man benötigt z. B. von Guajacol 0,06 %, von Kreosot 0,25 %, von Resorzin 1 %, Hexamethylentetramin 0,15 % und von Chinosol 0,1 bis 0,2 %, ferner Benzoeharz, Nipagin, Furfurol, Natriumchlorid, Borsäure, Karotin, Naphthalinderivate, Gallate, Natriumthiosulfat und viele andere.

A. Schmidt und H. Kreis waren die ersten, die es versucht haben, auf chemischem Wege diese Veränderung nachzuweisen, besonders hat dann die sogenannte „Verdorbenheitsreaktion Kreis" große Bedeutung erlangt. Pritzker und Jungkunz haben dann in einer Arbeit über die Verdorbenheit der Fette eine Zusammenstellung der älteren und neueren Literatur über das Ranzigwerden gebracht und dabei auch den äußerst interessanten Werdegang der Kreisschen Reaktion geschildert. Nach Powick soll die bei der Kreisschen Reaktion reagierende Verbindung Epihydrinaldehyd sein, welcher mit Phlorogluzin unter Austritt von 2 Mol Wasser ein Kondensationsprodukt von der Bruttoformel $C_{15}H_{12}O_6$ bildet.

Durch langanhaltende Belichtung werden die Fette und Öle gebleicht. Unter dem Einfluß ultravioletter Strahlen beginnen Öle zu fluoreszieren. Man beobachtet eine eigenartige Fluoreszenz an der Oberfläche und auch der Flüssigkeit selbst. Dunkle blaue Fluoreszenz deutet auf Erhitzung auf eine Temperatur über 150° oder auf ein Gemisch von pflanzlichem (vielleicht auch tierischem) Öl mit Mineralöl.

Unter dem Einfluß von Luft steigen die S.Z. und A.Z. Es sinkt die J.Z., während die V.Z. so gut wie unverändert bleibt.

Bei der Autoxydation ungesättigter Glyzeride bildet sich durch Oxydation des abgespaltenen Glyzerins Epihydrinaldehyd nach der Gleichung

$$\begin{array}{ccccccc} CH_2OH & & & & CH_2O & & \\ | & & & & | & & \\ CHOH & + & O & = & CH & + & 2\,H_2O \\ | & & & & | & & \\ CH_2OH & & & & CHO & & \\ \text{Glyzerin} & & \text{Sauerstoff} & & \text{Epihydrinaldehyd} & & \text{Wasser} \end{array}$$

Die Gegenwart desselben wird, wie oben bereits erwähnt, von Kreis zum Nachweis der Ranzidität benutzt. Organische Peroxyde entstehen bei der Autoxydation der Fette und Öle und verursachen ihr Ranzigwerden. Der chemische Vorgang ist sehr kompliziert. Es sind hierüber sehr beachtliche Arbeiten erschienen, auf die hier nur verwiesen werden kann (Kaufmann, Täufel, Kern u. a.). Die fortschreitende Peroxydbildung bzw. deren Grad kann im Sinne der Jodometrie bestimmt werden. Die *Lea*-Zahl = Peroxydzahl zeigt den Verbrauch von ccm $^1/_{100}$ n-Natriumthiosulfatlösung für 1 g Fett oder Öl an. Qualitativ kann der Eintritt der Ranzigkeit mit Hilfe von Jodkaliumstärkepapier erbracht werden, das sich bläut. Blaufärbung deutet auf Wasserstoffsuperoxyd bzw. Ozon hin. An Kostproben ist festzustellen, ob die Probe normal oder aber ranzig, kratzend, bitter, sauer, seifig, unangenehm oder ungewöhnlich schmeckt.

Nach Versuchen von Werner und Schmalfuß werden Fette im lebenden Gewebe weder ketonig noch freialdehydig, noch epihydrinaldehydig. Es bilden sich in solchem Gewebe keine Verderbensstoffe. Fettunlösliche Schutzstoffe verhindern sowohl im lebenden wie auch im toten (zerriebenen) Samen und keimfreien tierischen Geweben das Aldehydig- und Ketonigwerden der Fette.

d) Einwirkung von Hitze

Die Bildung von Firnis beim Leinöl und anderen trocknenden Ölen wird durch Erhitzen auf wenig über 200° C beschleunigt. Durch Erhitzen trocknender Öle auf höhere

Temperaturen, etwa 250—300° C, treten Veränderungen ein, welche man unter der Bezeichnung „Polymerisation" zusammenfaßt. Diese Polymerisation findet ihren sichtbaren Ausdruck in der Erhöhung des spez. Gew., der Zunahme der oxydierten Fettsäuren, dem Sinken der J.Z. und der Bildung innerer Anhydride, der Laktone. Bei der Polymerisation findet wahrscheinlich auch eine Umlagerung statt. Die polymerisierten Säuren unterscheiden sich von den oxydierten dadurch, daß jene in Petroläther löslich sind, diese nicht. Auch unter der Einwirkung von elektrischen Entladungen (Voltosöle) findet eine Verdickung statt.

e) Einwirkung von Schwefelchlorür und Schwefel

Beim Behandeln mancher Öle, z. B. Rüböl oder Rizinusöl, mit Schwefelchlorür, S_2Cl_2, oder Schwefel bilden sich feste Körper von kautschukartiger Beschaffenheit, welche man geschwefelte (sulfurierte) Öle oder „Faktis" nennt. Die Einwirkung des Schwefelchlorürs erfolgt in der Kälte. Das Produkt ist von weißer bis gelblicher Farbe und bildet die weiße Faktis. Beim Erhitzen von Schwefel mit Ölen auf etwa 160° C erhält man dunkle, klebrige Massen, die braunen Faktis. Durch Einwirkung von Schwefelsäure entstehen „sulfonierte" Öle, Türkischrotöl.

f) Einwirkung von Alkalien, alkalischen Erden, Bleioxyd, überhitztem Wasserdampf und Fermenten

Durch Alkalien, alkalischen Erden, Bleioxyd, überhitztem Wasserdampf, Fermente und andere Katalysatoren werden die Fette gespalten in den dreiwertigen Alkohol, das Glyzerin, und fettsaure Salze, d. h. Seife oder Pflaster bzw. Fettsäure.

Bei der Zersetzung mit Alkalien gibt 1 Molekül Fett mit 3 Molekülen Alkali 3 Moleküle Seife und 1 Molekül Glyzerin. Die Spaltung wird Verseifung genannt und verläuft z. B. nach der Gleichung:

$$\begin{matrix} RCOO \diagdown & & KOH & & & \\ RCOO - C_3H_5 & + & KOH & = 3\,RCOOK & + & C_3H_5(OH)_3 \\ RCOO \diagup & & KOH & & & \\ \text{1 Mol Fett} & & \text{3 Mol Ätzkali} & \text{3 Mol Seife} & & \text{1 Mol Glyzerin} \end{matrix}$$

Die Verseifung mit Kalk an Stelle von Natron- oder Kalilauge nach Krebitz und Umsetzung der gebildeten Kalkseife mit Soda führt zur Gewinnung von Seifen. Werden die Fette (nach DAB 6 ein Gemisch von Erdnußöl und Schweineschmalz) mit Bleioxyd bei Gegenwart von Wasser gekocht, so erhält man die hellen, klebrigen Bleisalze der Fettsäuren, die Pflaster. Durch Kneten mit Wasser wird das Glyzerin entzogen. Ohne Wasser mit Mennige erhitzt brennen die Fette an, das abgespaltene Glyzerin zersetzt sich sofort in zu Tränen reizende Dämpfe, dem Akrolein, und es bilden sich die braunen Pflaster.

$$C_3H_5(OH)_3 = CH : CH \cdot CHO + H_2O$$

Die Verseifung unter Druck bei Gegenwart von Kalk oder Zinkstaub mit Zinkoxyd wird bei dem Autoklavenverfahren durchgeführt und liefert Fettsäure und Glyzerin.

Connstein, Hoyer und Wartenberg bauten (DRP. 145 413) die Spaltung zu Fettsäure und Glyzerin mit Rizinuslipase als Ferment fabrikatorisch aus. Die Twitchellspaltung erfolgt durch Naphthalinstearosulfosäure (DRP. 114 491). Der „Pfeilringspalter" wird durch Sulfonieren eines Gemisches von gehärtetem Rizinusöl mit einem aromatischen Körper nach DRP. 298 773 hergestellt, die Grundlage für den „Kontaktspalter" Petrow (DRP. 264 785) sind sulfurierte Naphthensäuren. Der „Idrapidspalter" der I. D. Riedel A. G. ist eine Oktohydroanthrazensulfosäure. Eine eingehende Behandlung der verschiedenen Spaltungsverfahren ist in Band 336 der vorliegenden Sammlung zu finden.

g) Einwirkung von Schwefelsäure und Chlorzink

Der große Bedarf an festen Fettsäuren in der Kerzenfabrikation war Veranlassung, Versuche zwecks Überführung der flüssigen Ölsäure in einen festen Körper anzustellen. Bei der Behandlung von Fetten und Ölen mit

Schwefelsäure findet anfangs Spaltung statt, weiterhin bildet sich aus der Ölsäure eine Oxystearinsäure. Beim Kochen mit Wasser geht diese in die feste Isoölsäure über. Bei dem späteren Pressen erhöht sich daher die Ausbeute an festen Säuren um 10—15 %. Man vermeide den Versand in eisernen Fässern.

Das Verfahren nimmt man in Gefäßen vor, in welchen sich ein Rührwerk befindet. Ein seitlich angebrachtes Rohr sorgt für den Abzug der sich entwickelnden Gase, vor allem der schwefligen Säure. Man erhitzt das Fett auf ca. 120° C und läßt im Verlauf von 1½ Stunden unter Umrühren ca. 5 % Kammerschwefelsäure zufließen. Danach muß noch 1 Stunde gerührt werden. Die Temperatur darf 130° C nicht übersteigen. Sofort beginnt die Entwicklung von Dämpfen der schwefligen Säure. Die Schwefelsäure wirkt verkohlend auf die im Fett enthaltenen Eiweißstoffe, während diese fein verteilte Kohle die Schwefelsäure teilweise reduziert unter Bildung von schwefliger Säure. Das Fett bräunt sich und ist nach etwa einer Viertelstunde völlig schwarz. Die Trennung des Glyzerins von den Fettsäuren ist beendet, dafür aber der Schwefelsäurerest eingetreten unter Bildung von Sulfofettsäuren. Um die sulfonierten Fettsäuren zu zerlegen, wird die Masse durch Einleiten von Wasserdampf in mit Blei ausgeschlagenen Bottichen während ca. 6 Stunden gekocht. Die erzielten Fettsäuren sind von brauner Beschaffenheit und werden mit Wasserdampf von ca. 300° C destilliert. Den Rückstand in der Retorte bildet der Destillationsteer. Dieser wird in einer besonderen Blase mit Wasserdämpfen nochmals destilliert. Der nunmehr verbleibende Rückstand ist das Stearinpech, ein Produkt von schmieriger bis fester und schwarzer Beschaffenheit. Es findet Verwendung zur Herstellung von Dachpappen, wasserdichten Stoffen, von Isoliermassen, Faktis, Lacken, Firnissen usw.

Die Reaktionen verlaufen nach den Gleichungen:

$$\underset{\text{Ölsäure}}{C_{17}H_{33}COOH} + \underset{\text{Schwefelsäure}}{SO_2<{OH \atop OH}} = \underset{\text{Sulfoölsäure}}{C_{17}H_{34}<{COOH \atop OSO_3H}}$$

$$\underset{\text{Sulfoölsäure}}{C_{17}H_{34}<{COOH \atop OSO_3H}} + \underset{\text{Wasser}}{HOH} = \underset{\beta\text{- und }\gamma\text{-Oxystearinsäure}}{C_{17}H_{34}<{COOH \atop OH}} + \underset{\text{Schwefelsäure}}{SO_2<{OH \atop OH}}$$

$$\underset{\beta\text{-Oxystearinsäure}}{C_{17}H_{34}<{COOH \atop OH}} = \underset{\text{Isoölsäure}}{C_{17}H_{33}COOH} + \underset{\text{Wasser}}{HOH}\,.$$

Außer der festen Isoölsäure bildet sich noch das innere Anhydrid der Oxystearinsäure, das feste Stearolakton.

$$C_{17}H_{34}<\begin{matrix}COOH\\OH\end{matrix} = C_{14}H_{29}CH \cdot CH_2 \cdot CH \cdot CO + HOH\,.$$

γ-Oxystearinsäure Stearolakton Wasser

Zur Ausführung der vorstehenden Operation kann man auch von den Fettsäuren ausgehen, zuerst destillieren und diese alsdann der Behandlung mit Schwefelsäure unterwerfen.

V. Schmidt gelang es, durch Erhitzen der Ölsäure mit 10 % Chlorzink auf etwa 180° C die flüssige Ölsäure fast vollkommen in die feste isomere Form überzuführen. Die gleiche molekulare Umlagerung erfolgt beim Behandeln der Ölsäure mit schmelzendem Alkali. Bei dieser Operation erhält man unter Wasserstoffentwicklung ein Gemenge von Essigsäure und Palmitinsäure. Das Verfahren wurde von Radisson in Marseille angewandt. Zum Schmelzen benutzte derselbe Ätznatron unter Zusatz von Paraffin. Dieses macht das Natriumpalmitat leicht flüssig. Die Zersetzung der Palmitinseife geschieht wiederum mit Schwefelsäure.

B. Die Untersuchung der Fette und Öle

Die Verfahren der Untersuchung der Fette und Öle haben im Laufe der Jahre eine wesentliche Erweiterung und Bereicherung gefunden. Als Ursachen sind die Ergebnisse der Fetthärtungsverfahren sowie die der synthetischen Herstellung von Fetten und Ölen, ferner die Veredelung derselben, sei es für die Zwecke der Ernährung, sei es für industrielle Bereitschaft u. dgl. zu betrachten.

Zur Beurteilung der Identität, Reinheit und Verwendbarkeit der Fette und Öle bedient man sich sowohl physikalischer wie chemischer Methoden. Zu ersteren zählt man die Probenahme, äußere Beschaffenheit, Bestimmung des spezifischen Gewichts, des Schmelz- und Erstarrungspunktes und des Titers, das Verhalten im Polarisationsapparat und im Refraktometer, Bestimmung der Viskosität. Zu den chemischen Methoden zählt man die Bestimmungen des Wassergehalts, der Asche, Säure-, Verseifungs-, Ester-, Hehner-, Jod- und Reichert-Meißl-Zahl, der Oxysäuren, des Unverseifbaren usw. Die Werte der chemischen Methoden unterscheidet man nach den konstanten und den variablen Kennzahlen. Während die ersteren dazu dienen, ein Fett oder Öl zu identifizieren, kennzeichnen die letzteren die Beschaffenheit.

In den Deutschen Einheitsmethoden zur Untersuchung von Fetten, Fettprodukten und verwandten Stoffen, herausgegeben von der Deutschen Gesellschaft für Fettwissenschaft e. V., Münster/Westf., wurde eine gemeinsame Grundlage für die Untersuchung der Öle und Fette geschaffen.

Übersicht über die wichtigsten Kennzahlen

Es gibt an die

Säurezahl: wieviel mg Ätzkali KOH zur Sättigung der in 1 g Fett oder Wachs enthaltenen freien Fettsäuren nötig sind.

Verseifungszahl: wieviel mg Ätzkali KOH zur vollständigen Verseifung von 1 g Fett oder Wachs erforderlich sind.

Esterzahl: wieviel mg Ätzkali KOH zur Verseifung des Neutralfettes (Ester) in 1 g Fett oder Wachs benötigt werden.

Jodzahl: wieviel Prozent Jod ein Fett bzw. die daraus isolierte Fettsäure aufzunehmen vermag.

Rhodanzahl: wieviel Prozent Jod die flüssigen, somit ungesättigten Fettsäuren eines Fettes aufzunehmen vermögen. (Maßstab für Gehalt an Öl-, Linol-, Linolen- und Isolinolensäure.)

Reichert-Meißl-Zahl: wieviel ccm $n/_{10}$ normal Lauge nötig sind zur Neutralisation der aus 5 g Fett nach dem Reichert-Meißlschen Destillationsverfahren erhältlichen flüchtigen wasserlöslichen Fettsäuren.

Polenskezahl: desgl. für die flüchtigen wasserunlöslichen Fettsäuren.

Hehnerzahl: den Prozentgehalt eines Fettes an wasserunlöslichen Fettsäuren (einschließlich den normalen Beimengungen an Unverseifbarem).

Azetylzahl: wieviel mg Ätzkali KOH zur Neutralisation der bei der Verseifung von 1 g azetylierter Fettsäure bzw. azetyliertem Fett oder Wachs gebildeten Essigsäure erforderlich sind.

Säuregrad (nach Köttstorfer): der Verbrauch an Normallauge zur Neutralisation der in 100 g Fett vorhandenen freien Fettsäuren.

Hydroxylzahl: wieviel mg KOH zur Neutralisation der bei der Verseifung von 1 g azetylierter Fettsäure bzw. Fett oder Wachs gebildeten Essigsäure erforderlich sind.

Carbonylzahl: diese dient als Maßstab für die Bestimmung der Ketone, die in Fetten in Form von Ketonfettsäuren enthalten sind.

Lea- oder Peroxydzahl: sie gibt ein Maß für die auf hydroperoxydischer Natur begründete Autoxydation olefinischer Fette. Sie hat jedoch nur den Charakter einer konventionellen Kennzahl[1]).

Dienzahl: sie ist für den Nachweis der konjugiert ungesättigten Fettsäuren von Bedeutung.

1. Physikalische Methoden

a) Probenahme

Ein brauchbares Durchschnittsmuster zu erhalten, ist bei verunreinigten Fetten und Ölen häufig recht schwierig. Sorgfältige Mischung vor der Probenahme, die verschie-

---

1) Näheres siehe „Fette · Seifen · Anstrichm." Heft 2/1957 S. 89.

dentlich ausgeführt werden kann, ist von großer Bedeutung. Öl wird in den Fässern durch kräftiges Schütteln gemischt. In der kalten Jahreszeit werden vor der Probeentnahme die Fässer warm gelagert, damit Ausscheidungen in Lösung gehen. Zur Entnahme von Proben fester Fette bedient man sich eines Fettstechers. Man entnimmt dem Inhalt der Fässer entsprechend Proben, welche man durch Schmelzen vereinigt. Besonders bei Gegenwart von Schmutz und Feuchtigkeit muß dann bis zum Erkalten gerührt werden. Man versäume nicht, festzustellen, erforderlichenfalls durch Anbohren, ob sich am Boden der Fässer Wasser befindet. Die Proben bewahrt man in dunklen, weithalsigen Flaschen mit Glasstöpsel auf.

Für analytische Zwecke entnehme man die erforderliche Menge aus dem Innern der überwiesenen Muster.

b) Feststellung der äußeren Beschaffenheit

Fette und Öle werden meist „nach Muster" verkauft. Dabei ist häufig festzustellen, ob Farbe und Konsistenz der gelieferten Ware mit der des Musters übereinstimmen. Die Farbtiefe der Öle oder geschmolzenen Fette wird als „Jodfarbe" angegeben, die Zahl, die angibt, wieviel mg freies Jod in 100 ccm einer wäßrigen Jod-Jodkaliumlösung bei gleicher Farbtiefe enthalten sind. Schichtdicke 25 mm. Trübungen können von zugesetztem Wasser oder ausgeschiedenem Stearin oder Verunreinigungen, wie Eiweiß- und Schleimstoffen, herrühren. Man erwärmt in einem trockenen Reagenzglase vorsichtig eine Probe des Materials und beobachtet die etwa auftretenden Veränderungen. Stearine lösen sich auf, Verunreinigungen ballen sich häufig zusammen, wasserhaltige Öle lassen nach einiger Zeit das Wasser fahren. Auch auf Geruch und Geschmack ist Rücksicht zu nehmen. Zu diesem Zweck verreibt man einige Tropfen in der Handfläche und stellt die Eigenschaften fest.

c) Bestimmung des spezifischen Gewichtes

Das spezifische Gewicht von Stoffen ist die Zahl, die angibt, wieviel mal leichter oder schwerer ein Körper ist als das gleiche Volumen Wasser von + 4° C.

Zur Ermittlung des spez. Gew. flüssiger Fette benutzt man in der Technik die Senkwaage, auch Aräometer genannt, ein Glaszylinder, der unten mit Quecksilber oder Bleischrot beschwert ist und oben in einen dünnen Hals ausläuft. Man senkt das Aräometer vorsichtig in das Öl ein. Im Innern des Halses ist eine Skala angebracht, an welcher die spez. Gew. abzulesen sind. Das spez. Gew. bezieht man auf eine Temperatur von 20° C in der Weise, daß man für jeden Grad über 20° C 0,00069 zuzählt, im entgegengesetzten Fall dagegen abzieht. Weiterhin wendet man zu dieser Bestimmung das Pyknometer oder die Westphalsche Waage an. Bei festen Fetten oder Wachsen kann man derart verfahren, daß man sich durch Verdünnen mit Spiritus und Wasser Flüssigkeiten von verschiedenem spez. Gew. herstellt, z. B. 0,950, 0,951, 0,952 usw., bis man durch Vermischen dieser Alkohole ein Flüssigkeit erhält, in welcher ein Kügelchen des Fettes schwebt. Das spez. Gew. dieser Flüssigkeit entspricht dann der Probe.

Das Pyknometer ist ein leichtes, kleines Gefäß mit eingeschliffenem Glasstöpsel. Man wägt das Gefäß leer, alsdann mit Wasser und darauf mit dem zu untersuchenden Öl gefüllt. Das Gewicht des Öles dividiert durch das Gewicht des Wassers ist das spez. Gew. Das Pyknometer nach Reischauer mit einer Verbesserung von Aubry ist im Hals mit einer Millimeterskala versehen, welche es überflüssig macht, immer bis zu einem gewissen Punkt zu füllen und nur die einmalige Auswägung für einige Punkte der Skala bedingt.

Die Handhabung der Westphalschen Waage ist jedem Apparat beigegeben.

d) Verhalten im Polarisationsapparat

Zur Ermittlung der optischen Aktivität löst man etwa 10 g von dem zu untersuchenden Öl in etwa 10 g Chloroform und prüft in einem gewöhnlichen Polarisationsapparat. Im allgemeinen sind die Fette und Öle optisch inaktiv. Optisch aktiv ist das Rizinusöl sowie das Sesamöl und die Chaulmugrasäure des Murattifettes. Optisch aktiv sind auch die Cholesterine und Phytosterine. Es sei an dieser Stelle bemerkt, daß vor Verarbeitung eines unbekannten Fettes zu Speisezwecken durch Tierversuche die Ungiftigkeit festzustellen ist.

e) Verhalten im Refraktometer

Die Bestimmung der Refraktion hat besonders Wert für die Untersuchung von Butter. Im Zeissschen Refraktometer beträgt die Refraktion der Butter bei 25° C 49,5 bis 54. Eine genaue Anweisung wird jedem Apparat beigegeben. Für die Ermittlung der Refraktometerzahl, die die Jodzahl in sehr vielen Fällen ersetzen kann, aber vor dieser den Vorzug der schnellen und bequemen Ausführung hat, wird am meisten der Butterrefraktometer von Zeiss benutzt. Die Prüfung von flüssigen Ölen geschieht bei 20° C und von festen Fetten bei 40 bzw. 60° C, wobei für jeden Wärmegrad, welcher höher als die gewünschte Temperatur ist, 0,55 Teilstriche gerechnet und zu den abgelesenen Skalenteilen zugezählt und für jeden Wärmegrad unter der gewünschten Temperatur 0,55 Teilstriche vom abgelesenen Wert abgezogen werden.

Enthält das zu prüfende Öl oder Fett mehr als 10 % freie Fettsäure auf Ölsäure gerechnet, so soll das Fettmaterial mit alkoholischer Lauge verseift, der Alkohol verdampft, die resultierende Seife in Wasser aufgelöst, mit Salzsäure zersetzt und die abgeschiedenen Fettsäuren mit Äther aufgenommen werden. Nach Abdestillieren des Äthers werden die Fettsäuren der Prüfung im Refraktometer unterzogen.

Die Skalenteile für die am meisten gebräuchlichen Öle und Fette können aus folgender Tabelle ersehen werden.

Fett	Skalenteil des Fettes	Skalenteil der Fettsäure
Butterfett	41,6—44,2 bei 40°	19 —21,8 bei 60°
Crotonöl	81,35 „ 20°	
Dorschlebertran	77,5—83,2 „ 20°	
Erdnußöl	63,2—69,5 „ 20°	40,8—41,2 „ 40°
Hammeltalg	36,8 „ 60°	19,5 „ 60°
Heringsöl	77,7 „ 20°	
Kokosöl	24,3 „ 60°	
Kakaobutter	36 „ 60°	27,1—27,5 „ 50°
Leinöl	84 —90 „ 20°	43 „ 60°
Mandelöl	67,7 „ 20°	31 „ 60°
Kottonöl	72,7—76 „ 20°	31 „ 60°
Maisöl	71,1—72,7 „ 20°	
Mohnöl	79,4 „ 20°	37 „ 60°
Olivenöl	61,7—68,0 „ 20°	25 „ 60°
Palmöl	38,1 „ 60°	
Palmkernöl	27,1 „ 60°	
Pferdefett	51,5—68,8 „ 40°	
Rizinusöl	78,5—80,7 „ 20°	43 „ 60°
Rüböl	69,5—76 „ 20°	35,5 „ 60°
Rindertalg	38,1 „ 60°	
	43 —49 „ 40°	
Robbentran	76 „ 20°	
Sesamöl	74,3—76 „ 20°	31 „ 60°
Sonnenblumenöl	74,9 „ 20°	41 „ 60°
Schweinefett	49 —51,2 „ 40°	22,3 „ 60°
Traubenkernöl	71,6 „ 20°	
Walnußöl	85 „ 20°	
Walfischtran	68 „ 20°	

Die Umrechnung der Skalenteile in die entsprechenden Berechnungsexponenten geht aus folgender Tabelle hervor.

Skalenteile	Brechungs-exponent	Skalenteile	Brechungs-exponent	Skalenteile	Brechungs-exponent	Skalenteile	Brechungs-exponent	Skalenteile	Brechungs-exponent
0	1,4220	21	1,4385	42	1,4538	63	1,4679	84	1,4802
1	1,4228	22	1,4392	43	1,4545	64	1,4685	85	1,4817
2	1,4236	23	1,4400	44	1,4552	65	1,4691	86	1,4818
3	1,4244	24	1,4408	45	1,4559	66	1,4698	87	1,4824
4	1,4252	25	1,4415	46	1,4566	67	1,4704	88	1,4829
5	1,4260	26	1,4423	47	1,4573	68	1,4710	89	1,4835
6	1,4268	27	1,4430	48	1,4580	69	1,4717	90	1,4840
7	1,4276	28	1,4438	49	1,4587	70	1,4723	91	1,4846
8	1,4284	29	1,4445	50	1,4593	71	1,4729	92	1,4851
9	1,4292	30	1,4452	51	1,4600	72	1,4736	93	1,4857
10	1,4300	31	1,4460	52	1,4607	73	1,4742	94	1,4862
11	1,4308	32	1,4467	53	1,4613	74	1,4748	95	1,4868
12	1,4316	33	1,4474	54	1,4620	75	1,4754	96	1,4873
13	1,4324	34	1,4481	55	1,4626	76	1,4760	97	1,4879
14	1,4331	35	1,4488	56	1,4633	77	1,4766	98	1,4884
15	1,4339	36	1,4495	57	1,4640	78	1,4772	99	1,4890
16	1,4347	37	1,4502	53	1,4646	79	1,4778	100	1,4895
17	1,4354	38	1,4510	59	1,4653	80	1,4783	101	1,4901
18	1,4362	39	1,4517	60	1,4659	81	1,4789	102	1,4906
19	1,4370	40	1,4527	61	1,4666	82	1,4795	103	1,4912
20	1,4377	41	1,4531	62	1,4672	83	1,4801	104	1,4917

f) Bestimmung des Schmelzpunktes

Man stellt sich aus einem schwachen Glasrohr mehrere Kapillarröhrchen her und saugt das geschmolzene Fett darin auf. Man läßt das Fett längere Zeit völlig erkalten und erstarren. Da die Fette, besonders die weichen, nur sehr langsam ihre alte Festigkeit wieder annehmen, muß man die Röhrchen einen bzw. zwei Tage beiseite legen, ehe man die Bestimmung vornehmen kann. Man befestigt dann ein Röhrchen mit einem kleinen Gummiring am Quecksilbergefäß des Thermometers, bringt dieses in ein weites Reagenzrohr, in dem sich die zur Erwärmung bestimmte Flüssigkeit (meist Glycerin) befindet. Man erwärmt langsam und beobachtet als Schmelzpunkt die Temperatur, bei der das Fett klar und durchsichtig wird. Zur Kontrolle nimmt man noch zwei Bestimmungen vor und zieht daraus das Mittel.

g) Bestimmung der Viskosität

Die Bestimmung der Zähigkeit, unter welcher der Flüssigkeitsgrad zu verstehen ist, erfolgt im Englerschen Viskosimeter. Die Bestimmung hat für die Fette und Öle keine besondere Bedeutung. Sie beträgt z. B. bei Rüböl 11 bis 15, bei Rizinusöl etwa 140 Englergrade bei 20° C.

h) Bestimmung des Titers der Fettsäuren

Unter dem Titer einer Fettsäure versteht man diejenige Temperatur, bei welcher während der Erstarrung die latente Schmelzwärme frei wird. Die frei werdende Wärme gibt sich durch eine Erhöhung der Temperatur zu erkennen. Mit der Bestimmung des Titers hat sich eine ganze Reihe namhafter Chemiker befaßt. Während bei dem einen Verfahren die Fettsäure bei Beginn der Erstarrung dreimal nach rechts und dreimal nach links gerührt werden muß, muß bei dem anderen Verfahren die Fettsäure so lange gerührt werden, bis alles gleichmäßig trüb ist. Nach einer dritten Methode braucht überhaupt nicht gerührt zu werden. Zu dieser Bestimmung wird das zu untersuchende Fett oder Öl mit Kalilauge und Alkohol verseift, die Fettsäuren mit Mineralsäure abgeschieden und der Alkohol durch Kochen verjagt. Es ist äußerst wichtig, den Alkohol vollständig zu vertreiben, da man sonst zu niedrige Werte erhält. Bei der Verseifung kann man zwei Wege einschlagen, die zu gleichen Resultaten führen. Entweder man verseift das Fett auf halbwarmem Wege, indem man es mit der Hälfte seines Gewichtes an Kalilauge von 50° Bé bei 60° C verrührt und, sobald die Masse sich verdickt hat, im Trockenschrank bei einer Temperatur von 100—105° C 1½ Stunden stehen läßt, wonach die Verseifung beendet ist. Oder man verseift das Fett in der Siedehitze unter Zusatz von Alkohol.

Die auf die eine oder andere Weise erhaltene Seife wird in Wasser aufgelöst, evtl. der Alkohol durch Kochen verjagt und in einer Porzellanschale mit verdünnter Salzsäure zersetzt. Man erwärmt nun so lange, bis die Fettsäuren geschmolzen sind und sich auf der Oberfläche kar abscheiden. Nunmehr läßt man erkalten, entfernt das Säurewasser und spült mehrere Male mit destilliertem Wasser ab. Darauf wird der Fettsäurekuchen auf destilliertem Wasser umgeschmolzen. Der zerkleinerte Fettsäurekuchen wird in ein Reagenzglas von etwa 16 cm Länge und 3½ cm Durchmesser gebracht. Das Reagenzglas wird mittels eines durchbohrten Korkes in einer Pulverflasche von etwa 15 cm Höhe und 7 cm Weite befestigt. In die Fettsäure wird ein in 1/10 Grade eingeteiltes Thermometer eingesenkt. Man läßt langsam erkalten und rührt, sobald Ausscheidungen von Fettsäure eintreten, ruhig um, ohne die Wandungen des Reagenzglases zu berühren. Fällt das Quecksilber langsamer, so schreibt man sich die Temperaturen von Minute zu Minute auf. Sobald die Fettsäuren breiig geworden sind, wird der Quecksilberfaden steigen. Der höchste Punkt ist der Titer und hält gewöhnlich einige Minuten an.

2. Chemische Methoden

a) Bestimmung des Wassergehaltes

In einem flachen Schälchen mit etwas ausgeglühtem Sand wägt man etwa 10 g Fett genau ab und stellt es in den Trockenschrank. Man trocknet bei 105° C bis zur Gewichtskonstanz, was ungefähr 1½ Stunden in Anspruch nimmt. Das Ergebnis stellt den Trockenverlust bei 105° C dar, somit werden etwa vorhandene flüchtige Fettsäuren mit erfaßt.

Will man die flüchtigen niederen Fettsäuren berücksichtigen, so muß man die Destillationsmethode nach Marcusson anwenden. In diesem Falle bringt man 20—100 g Fett oder Fettsäure in einen Kolben und setzt 100 ccm Xylol mit dem Siedepunkt von 138° C zu. Man erhitzt nun in einem Ölbad und destilliert 50 ccm ab, die in einem mit 1/10 ccm Teilung versehenen Meßzylinder aufgefangen werden. Den Wassergehalt kann man dann direkt ablesen. Die mit übergegangenen flüchtigen Fettsäuren lösen sich im Xylol und werden dabei nicht mit erfaßt.

b) Bestimmung von Schmutz und Asche

Etwa 10 g Fett oder den Rückstand von der Ermittlung des Wassergehaltes löst man in einem kleinen Becherglase in 25 ccm Äther auf. Sollte bei gewöhnlicher Temperatur eine Lösung nicht zu bewirken sein, so schmelze man das Fett zuvor im Bechergläschen auf dem warmen Wasserbade. Man bringt die ätherische Fettlösung auf ein zuvor getrocknetes und gewogenes, mit Äther angefeuchtetes, quantitatives Filter und wäscht Becherglas und Filter mit Äther so lange nach, bis einerseits im Bechergläschen ein Rückstand nicht mehr wahrnehmbar ist und andererseits ein Tropfen des Filtrates, auf Papier verdunstet, einen Flecken nicht hinterläßt. Die ätherische Fettlösung fängt man in einem Erlenmeyerkolben auf. Das Filter wird darauf bei 95° C getrocknet und alsdann gewogen. Die Gewichtszunahme gibt den Gesamtschmutzgehalt an. Zur Ermittlung, ob der Schmutz organischer Natur ist, wird das Filter mit Schmutz am Platindraht in einem zuvor ausgeglühten und gewogenen Tiegel verascht, über dem Bunsenbrenner geglüht und gewogen. Der feuerbeständige Rückstand ist der anorganische Teil. Zieht man diese

Menge von dem Gesamtschmutz ab, so erhält man den Gehalt an organischen Verunreinigungen.

c) Bestimmung der Verseifungszahl

Die V.Z. von Leimfetten (Kokos- und Palmkernöl) liegt bei etwa 250—260, die der Kernfette bei etwa 190—195. Zusätze von Mineral, Paraffin, Wasser und Schmutz erniedrigen die V.Z.

Zur Ausführung der Bestimmung der V.Z. ist eine etwa halbnormale alkoholische Kalilauge und eine halbnormale Salzsäure nötig. Man wägt etwa 2 g Fett genau in einen Erlenmeyerkolben von 200 ccm, gibt genau 25 ccm der alkoholischen Kalilauge zu und befestigt, um das Entweichen des Alkohols zu vermeiden, auf dem Kolben ein langes Glasrohr als Rückflußkühler. Darauf erhitzt man etwa ½ Stunde auf dem kochenden Wasserbad und titriert unter Verwendung von Phenolphthalein als Indikator mit n/2-Salzsäure bis zur Entfärbung zurück. Die alkoholische Kalilauge stellt man her, indem man 28 g Ätzkali in 1000 ccm Alkohol auflöst. Da sich der Titer einer alkoholischen Kalilauge dauernd ändert, ist dieser bei jeder Untersuchung erneut gegen n/2-Salzsäure festzustellen. Diesen Blindversuch nimmt man zweckmäßig in der Zeit der Verseifung des Fettes vor, und zwar unter den gleichen Bedingungen. Man mißt also 25 ccm alkoholische Kalilauge in einen Kolben, erhitzt wie oben, setzt Phenolphthalein zu und titriert mit n/2-Salzsäure zurück.

Beispiel: Angenommen 25 ccm alkoholische Kalilauge entsprechen 25,2 ccm n/2-Salzsäure.

Vorgelegt 25 ccm KOH	= 25,2 ccm n/2-HCl
Zurücktitriert	10,1 „ „
Gebunden	15,1 ccm n/2-HCl
1 ccm n/2-HCl	= 0,28 g KOH
15,1 ccm = 0,028 · 15,1	= 0,4228 g KOH

Einwaage 2,14 g Fett : 0,4228 = 1 : x
x = 0,197 V.Z. 197.

d) Bestimmung der Säurezahl

Man bringt bei Neutralfetten 5 g und bei Fettsäuren 2 g genau gewogen in ein Becherglas, löst in etwa 20 ccm reinem, säurefreiem Äther, versetzt mit der gleichen Menge neutralen Alkohols, setzt einige Tropfen Phenolphthalein als Indikator hinzu und titriert mit n/10-Kalilauge bis zur schwachen Rosafärbung. Aus den verbrauchten ccm berechnet man die Milligramme Ätzkali und dividiert durch die Einwaage. Man erhält damit die S.Z.

Diese ist keine feststehende Zahl. Sie soll bei Neutralfetten möglichst niedrig, bei Fettsäuren möglichst hoch sein. Bei der Untersuchung von Abfallfetten und Abfallfettsäuren ist die Anwesenheit von Mineralsäuren in Betracht zu ziehen.

e) Bestimmung des Spaltungsgrades

Diese Bestimmung benötigt man bei der Spaltung der Fette und Öle, um den Fortgang der Spaltung zu prüfen, und bei der Karbonatverseifung der Fettsäuren, um zu berechnen, wieviel Soda man zu deren Verseifung braucht.

Man bestimmt die Säurezahl und Verseifungszahl in einem Gang, indem man etwa 2 g Fett in einen Erlenmeyerkolben genau einwägt, in Alkohol löst und mit n/2-KOH alkoholisch bei gewöhnlicher Temperatur mit Phenolphthalein titriert (a). Dann läßt man noch so viel von der alkoholischen Kalilauge zufließen, bis im ganzen 25 ccm zugegeben sind. Dann verseift man am Rückflußkühler wie bei der Bestimmung der V.Z. und titriert mit n/2-HCl zurück und findet so die zur Verseifung des Gesamtfettes benötigten ccm Kalilauge (b).

Beispiel:

verbraucht für a 9,2 ccm n/2-KOH
verbraucht für b (vorgelegt 25 ccm, zurücktitriert 10 ccm)
15 ccm n/2-KOH

$15 : 9{,}2 = 100 : x \quad x = 61{,}35\,\%$ freie Fettsäure.

f) Berechnung des mittleren Molekulargewichtes

Da das Produkt von V.Z. und Molekulargewicht rund 56 000 ist, so erhält man das mittlere Molekulargewicht (M) nach der Gleichung

$$M = \frac{56\,000}{\text{V.Z.}} \quad \text{z. B.} \quad \frac{56\,000}{197} = 284\,.$$

g) Bestimmung der Esterzahl

In von Fettsäuren völlig freien Fetten ist die Esterzahl (E.Z.) gleich der V.Z. In diesem Falle zeigt uns die V.Z. an, wieviel Ätzkali erforderlich ist, um die Ester zu verseifen. Man erhält die E.Z. einfach durch Subtraktion der S.Z. von der V.Z.

Beispiel:

V.Z.	197
S.Z.	23
E.Z.	174

h) Bestimmung des Glycerins

Liegen nur Triglyceride vor, so läßt sich der Glyceringehalt aus der Esterzahl berechnen. Ist man sich aber darüber im Zweifel, so bestimmt man das Glycerin nach der Bichromatmethode. Hierzu verseift man wie üblich das Fett, trennt mit Schwefelsäure, wäscht das abgeschiedene Fett gut aus, neutralisiert das Sauerwasser samt den Waschwässern und bringt dieses quantitativ in einen 200-ccm-Meßkolben. Dann werden 20 ccm einer 10%igen Zinksulfatlösung unter Umschwenken zugesetzt, der Kolben bis zur Marke mit Wasser aufgefüllt, durchgeschüttelt und der entstandene flockige Niederschlag absetzen gelassen. Ein Teil der überstehenden Flüssigkeit wird nun durch ein trockenes Filter in einen trockenen Kolben filtriert. Eine nachträgliche Trübung des Filtrates, die vom basischen Zinkkarbonat herrührt, ist unschädlich.

Von diesem Filtrat werden nun 20 ccm in einen 200 ccm fassenden, mit Wasser ausgespülten Erlenmeyerkolben gebracht, genau 25 ccm Hehnersche Lösung (75 g Kaliumbichromat + 150 ccm Schwefelsäure konz. zu 1 Liter gelöst) zugesetzt und zuletzt noch 50 ccm Schwefelsäure (1 : 3) nachgegeben. Mit dieser Schwefelsäure spült man den Erlenmeyerkolben gut aus. Man stülpt nun ein umgekehrtes Becherglas auf den Kolben und erwärmt während zwei Stunden auf dem siedenden Wasserbade. Erst nach Verlauf dieser Zeit ist die Oxydation gänzlich beendet. Man läßt hierauf den Kolben ein wenig abkühlen und bringt seinen Inhalt quantitativ in einen 500-ccm-Meßkolben, den man bis zur Marke mit Wasser auffüllt und gut durchschüttelt. Die Schlußtitration wird in einem etwa $^{3}/_{4}$ Liter haltenden Becherglase ausgeführt. Man wirft etwa 2 g Jodkali hinein, löst in 25 ccm 20%iger Salzsäure, läßt genau 50 ccm der im Kolben befindlichen Flüssigkeit zufließen, verdünnt mit Wasser auf etwa ½ Liter und titriert nun mittels n/10-Thiosulfatlösung mit Stärke als Indikator auf farblos.

Zum blinden Versuch werden 25 ccm Hehnersche Lösung mit 50 ccm Schwefelsäure und mit Wasser auf 500 ccm im Meßkolben aufgefüllt und 50 ccm dieser Lösung mit der n/10-Thiosulfatlösung, ebenfalls mit Stärke und Jodkali und Salzsäure wie oben titriert. Der blinde Versuch wird nur einmal ausgeführt und auf dem Etikett der Vorratsflasche vermerkt.

Berechnung: Von den bei dem blinden Versuch erhaltenen ccm Thiosulfat werden die bei der Schlußtitration (Rücktitration) der Untersuchung gefundenen ccm Thiosulfat abgezogen. Hierdurch erhält man die Menge der verbrauchten Bichromatlösung. Diese Differenz, ausgedrückt in n/10-Thiosulfat, ergibt mit 0,000 6575 g multipliziert die Menge Glycerin; denn 1 ccm = 0,000 6575 g Glycerin.

$$\text{\% Glyc.} = \frac{\text{ccm n/10-Thiosulfat} \cdot 0{,}000\,6575 \cdot 10\,000}{\text{Einwaage}}.$$

i) Berechnung der Zusammensetzung eines Fettes

Angenommen, es sei

V.Z. des Rohfettes 174, S.Z. des Rohfettes 23, E.Z. des Rohfettes 151, V.Z. der reinen Fettsäuren 203.

1. Berechnung der Gesamtfettsäuren:

   $203 : 174 = 100 : x \quad x = 85{,}71\,\%$ Gesamtfettsäure.

2. Berechnung der freien Fettsäuren:

   $203 : 23 = 100 : x \quad x = 11{,}33\,\%$ freie Fettsäuren.

Gesamtfettsäuren	85,71 %
Freie Fettsäuren	11,33 %
Gebundene Fettsäuren	74,38 %.

3. Berechnung des mittleren Molekulargewichtes der reinen Fettsäuren:

$$\frac{56\,000}{203} = 275\,.$$

4. Berechnung des Neutralfettes:

Die Berechnung der Menge Neutralfett ergibt sich aus der Überlegung, daß 3 Moleküle Fettsäure zuzüglich des Restes C_3H_2 1 Molekül Fett bilden.

a) $3 \cdot 275 + 38 = 863$
b) $3 \cdot 275 = 825$

   $825 : 863 = 74{,}38 : x \quad x = 77{,}80\,\%$ Neutralfett.

k) Bestimmung des Gesamtfettes und der Verseifbarkeit

Unter „Gesamtfett" versteht man die Summe von Neutralfett, Fettsäure und Unverseifbarem. Nach Ermittlung des Wasser- und Schmutzgehaltes ergibt sich das Gesamtfett aus der Differenz.

Zur direkten Bestimmung benutzt man die ätherische Fettlösung von der Schmutzbestimmung, indem man den Äthyläther abdestilliert und den Rückstand im Trockenschrank trocknet. Die Bestimmung des Gesamtfettgehaltes, des Ätherextraktes, in fett- und ölhaltigen Gemischen oder Rückständen führt man durch Extraktion mit Äther im Soxhletapparat aus.

Der Extraktionskolben ist mit dem Soxlethapparat verbunden, der seinerseits einen Kühler trägt. Die Erwärmung erfolgt auf dem Wasserbade. Die zu extrahierende Substanz, welche, falls wasserhaltig, zuvor in einer Porzellanschale mit reinem Seesand eingetrocknet werden muß, wird in eine Hülse von fettfreiem Fließpapier gebracht und in den Extraktionsapparat eingeführt. Man füllt soviel Äther in den Apparat, bis durch die seitlich angebrachte Hebevorrichtung der Äther in den Extraktionskolben abfließen kann. Beim Erwärmen verdampft der Äther, verdichtet sich im Kühler und tropft auf die zu extrahierende Masse. Das vom Äther gelöste Fett bleibt im Extraktionskolben zurück. Sobald der Äther den höchsten Stand der Hebevorrichtung erreicht hat, fließt der fetthaltige Äther wieder in den Extraktionskolben, und der Prozeß beginnt von neuem. Die Extraktion, welche meist mehrere Stunden in Anspruch nimmt, ist beendet, sobald der Äther farblos abläuft. Nunmehr destilliert man den Äther ab, trocknet den Rückstand im Trockenschrank bei 95° C und wägt.

Bei Anwesenheit von Kokos- und Palmkernöl darf die Temperatur infolge der Flüchtigkeit dieser Fettsäuren nicht über 55 ° C liegen.

Liegen Fette mit einem Gehalt an Seife vor, z. B. Knochenfett oder Soapstock, so sind diese erst durch Kochen mit Salzsäure vorzubereiten. Dieses Gesamtfett enthält nun noch das Unverseifbare, das besonders bestimmt wird.

Man kann auch eine gewogene Menge in einem Becherglas in Äther lösen, über kalziniertes Glaubersalz in einen gewogenen Extraktionskolben abfiltrieren, Becherglas und Filter fettfrei waschen, den Äther abdestillieren und den Rückstand trocknen und wiegen. In diesem Rückstand kann das Unverseifbare (s. S. 58) bestimmt werden. Gesamtfett abzüglich Unverseifbares ist die „Verseifbarkeit“.

l) Bestimmung der Hehnerzahl

Die Methode beruht auf der Verseifung der Fette durch Kalilauge und Abscheidung der Fettsäuren mit Hilfe von Salzsäure.

Man wägt etwa 2—3 g Fett in ein Becherglas von mittlerer Größe ab, fügt etwa 50 ccm Alkohol hinzu und etwa 1 g festes Ätzkali. Man erwärmt auf dem Wasserbade so lange, bis ein Tropfen Wasser, den man hineinfallen läßt, eine Trübung nicht verursacht. Man erwärmt weiter, um den Alkohol zu verjagen, nimmt den Rückstand mit etwa 50 ccm Wasser auf und setzt, nachdem Lösung eingetreten, zwecks Abscheidung der Fettsäuren starke Salzsäure zu. Man muß noch so lange auf dem kochenden Wasserbade stehen lassen, bis die Fettsäuren geschmolzen auf der Oberfläche des Wassers schwimmen und die darunter befindliche Flüssigkeit annähernd klar geworden ist. Nach dem Erkalten werden die erstarrten Fettsäuren auf ein getrocknetes Filter, welches man zusammen mit einem Wägegläschen gewogen hat, gebracht. Danach gibt man in dasselbe Becherglas etwa 25 ccm Wasser und erwärmt schwach auf dem Asbestteller. Das angewärmte Wasser gießt man auf die Fettsäuren, um einerseits die zurückgebliebenen Reste Fettsäuren aus dem Becherglas heraus auf das Filter zu bringen, und andererseits das Chlorkali auszuwaschen. Das Waschwasser soll wenigstens einmal so heiß sein, daß die Fettsäuren im Filter schmelzen. Man wiederholt das Verfahren des Auswaschens so oft, bis in dem abfließenden Filtrat durch Silbernitrat Chloride nicht mehr nachweisbar sind.

Das Becherglas darf auch nicht die geringste Spur von anhaftender Fettsäure zeigen.

Die Fettsäuren, welche sich jetzt erstarrt im Grund des Filters befinden sollen, bringt man mit dem Filter in das Wägegläschen und trocknet bei 95° C bis zum konstanten Gewicht. Sollte durch Aufnahme von Sauerstoff aus der Luft eine Gewichtszunahme stattfinden, so ist das vorhergehende Gewicht als gefundene Menge anzusetzen. Die Menge Fettsäure wird auf 100 berechnet.

Beispiel:
Einwaage 2,27 g Fett, gefundene Fettsäuren 2,19 g.
2,27 : 2,19 = 100 : x x = 96,52 %.

m) Bestimmung der Oxysäuren und der kernseifensiederisch verwertbaren Fettsäuren

Die Bestimmung der Oxyfettsäuren ist für die Seifenfabrikation insofern von Belang, als die Natronsalze der Oxysäuren durch Kochsalz nicht aussalzbar sind, daher in die Unterlauge übergehen und einen Verlust an Seifen bilden.

Die Oxyfettsäuren sind in Petroläther unlöslich. Sie bilden braune bis schwarze Massen, die zäh und harzartig sind und leicht am Glase haften bleiben. Nach Stiepel bestimmt man den Gehalt der Oxyfettsäuren folgendermaßen: Ungefähr 5 g Fett oder Öl werden in einem Erlenmeyerkolben genau abgewogen und dann mit etwa 30 ccm Alkohol und 10 ccm einer 50%igen Natronlauge versetzt. Man erhitzt unter öfterem Umschwenken, bis der Alkohol zum größten Teil verdampft ist. Zur Vermeidung eines Siedeverzuges gibt man in den Kolben einige Sandkörnchen. Hierauf zersetzt man die entstandene Seife mit verdünnter Schwefelsäure und bringt den Kolbeninhalt in einen Scheidetrichter und spült mit Petroläther nach. Nun schüttelt man den Scheidetrichter gut durch und läßt absetzen. Die klare Petrolätherschicht enthält die oxyfettsäurefreien Fettsäuren, und in dieser Schicht sind dunkle Flocken suspendiert. Diese sind die Oxyfettsäuren. Man zieht nun das Sauerwasser vorsichtig ab und filtriert die Petrolätherschicht durch ein gewöhnliches Filter in einen gewogenen Kolben und wäscht mit Petroläther nach. Nach Abdestillieren des Äthers und Trocknen erhält man die oxyfettsäurefreien oder kernseifensiederisch verwertbaren Fettsäuren. Nun spült man den Scheidetrichter mit heißem absoluten Alkohol aus und gießt durch das die Oxyfettsäure enthaltende Filter in einen ebenfalls gewogenen Kolben. Dadurch löst man die Oxyfettsäuren. Nach gutem Waschen und Verdampfen des Alkohols werden die Oxyfettsäuren gewogen.

n) Bestimmung des Unverseifbaren

Zum „Unverseifbaren" gehört im wesentlichen das, was sich aus einer alkalischen Seifenlösung durch Petroläther ausschütteln läßt, keinesfalls daher Wasser und Schmutz. In Abfallfetten sowie in technischen Fettsäuren findet sich stets eine größere Menge Unverseifbares angereichert. Zur Ermittlung des Unverseifbaren wägt man etwa 5 g Fett ab und verseift in einem Erlenmeyerkolben mit aufgesetztem Rückflußkühler mit Hilfe von etwa 50 ccm normaler alkoholischer Kalilauge. Die Seifenlösung führt man verlustlos unter Nachspülen mit wenig Wasser in einen Scheidetrichter und schüttelt mindestens dreimal mit je etwa 50 ccm Petroläther, S.P. 30—50° C, aus. Das Ausschütteln bewirke man lediglich durch ruckweise Bewegung des Schütteltrichters. Man verhütet dadurch die Bildung einer Emulsion. Sollte diese trotzdem eintreten, so trennt sie meist ein geringer Zusatz von Alkohol. Ein einmaliges Ausschütteln genügt, falls die Flüssigkeit über Nacht der Ruhe überlassen werden kann. Die untere Seifenlösung wird darauf abgelassen und der Rückstand so oft mit 60%igem Alkohol gewaschen, bis der Alkohol neutral reagiert. Darauf wird der Petroläther in einen gewogenen Extraktionskolben über wenig getrocknetes Glaubersalz abfiltriert. Man wäscht Schütteltrichter und Filter mit Petroläther fettfrei, destilliert den Petroläther ab, trocknet bei höchstens 95° C bis zur Gewichtskonstanz, je nach der Natur des Unverseifbaren auch nur auf dem Wasserbad, und wägt. Der Rückstand ist das „Unverseifbare", welches bei reinen Fetten und Ölen das Cholesterin bzw. Phytosterin enthält. Diese Bestimmung ist auch anwendbar für den quantitativen Nachweis von Paraffin, Ceresin und Mineralölen.

o) Bestimmung der V.Z. der reinen Fettsäuren

Die nach dem Ausschütteln mit Petroläther erhaltene Seifenlösung fängt man in einem Becherglas auf und verdampft auf dem Wasserbade den Alkohol. Der Rückstand wird in Wasser gelöst. Die wäßrige Seifenlösung wird in den Schütteltrichter gebracht, mit Salzsäure im Überschuß versetzt und mit Äthyläther ausgeschüttelt. Nach 24 Stunden läßt man das Sauerwasser ab, wäscht mineralsäurefrei, filtriert in einen Extraktionskolben, destilliert den Äther ab und trocknet den Rückstand. Von den getrockneten Fettsäuren bestimmt man die V.Z. Die S.Z. genügt nicht, da während der Verseifung und nachfolgenden Behandlungen Laktonbildung eingetreten sein könnte.

p) Bestimmung der Reichert-Meißl-Zahl

Die Umsetzungen verlaufen wie bei der Bestimmung der Hehnerzahl, nur daß an Stelle von Salzsäure Schwefelsäure einzusetzen ist. 5 g Fett (genau gewogen) werden in einen Rundkolben von etwa 300 ccm Inhalt gebracht. Man setzt 5 ccm Glyzerin und 2 ccm Kalilauge, hergestellt aus gleichen Gewichtsteilen Ätzkali und Wasser, zu und erhitzt über einer kleinen Flamme zum Sieden. Dabei tritt heftiges Schäumen ein. Nach etwa 5 Minuten ist das Wasser verdampft, und es verbleibt eine klare Lösung. Man kocht noch kurze Zeit und läßt dann auf etwa 80° C abkühlen. Die Seife wird in 90 ccm Wasser, welches zuvor ausgekocht worden ist, gelöst und mit 50 ccm Schwefelsäure (25 ccm Schwefelsäure konz. : 1000 ccm Wasser) versetzt. Darauf destilliert man nach Zugabe von 3 Stückchen Bimsstein von Erbsengröße zwecks Vermeidung von Siedeverzug in dem vorgeschriebenen Apparat genau 110 ccm in ein Gefäß mit Glasstöpsel ab. Das Destillat wird vorsichtig gemischt und etwa ½ Stunde in Wasser von 20° C gesetzt. Von dem Destillat filtriert man 100 ccm durch ein trockenes Filter ab, bringt diese in ein Becherglas, setzt Phenolphthaleinlösung zu und titriert mit n/10-KOH bis zur schwachen Rotfärbung. Die verbrauchten ccm multipliziert mit 1,1 geben die R.M.Z., durch welche vor allem Butter- und Kapronsäure bestimmt wird. Von der ermittelten Zahl ist die durch einen blinden Versuch festgestellte Menge abzuziehen.

q) Bestimmung der Polenske-Zahl

Die P.Z., durch welche die Kaprylsäure bestimmt wird, wird im Anschluß an die R.M.Z. ausgeführt. Die auf dem Filter zurückgebliebenen, unlöslichen Fettsäuren werden dreimal mit je 20 ccm Wasser gewaschen. Man muß vor jedesmaligem Auffüllen mit Wasser dieses gut abtropfen lassen. Zweckmäßig durchspült man das Destillierrohr mit Wasser, läßt in den 100-ccm-Kolben (Vorlage) laufen und gießt jetzt auf das Filter. Die Waschwässer werden entfernt. Darauf gießt man dreimal je 15 ccm angewärmten neutralen Alkohol durch das Destillierrohr, fängt in der Vorlage auf und bringt alsdann auf das Filter. Die alkoholische Fettsäurelösung wird mit n/10-KOH, Phenolththalein als Indikator, titriert. Die verbrauchten ccm geben die P.Z. an.

Zur Ausführung der R.M.Z. und P.Z., welche mit der V.Z. verbunden werden kann, bedient man sich einer vorgeschriebenen Apparatur.

r) Die A- und B-Zahl

Die A-Zahl gibt an, ausgedrückt in ccm $^1/_{10}$ Normalsäure, wieviel durch Magnesiumsulfat nicht, wohl aber durch Silbernitrat fällbare Fettsäuren, die B-Zahl, wieviel weder durch Magnesiumsulfat noch durch Silbernitrat fällbare, flüchtige Fettsäuren nach bestimmter Arbeitsweise aus 5 g Fett oder Öl erhalten werden.

Es werden also durch die A-Zahl wasserlösliche Magnesiumsalze und wasserunlösliche Silbersalze ermittelt, das sind gesättigte Fettsäuren mit 6, 8 und 10 C-Atomen. Durch die B-Zahl wird die Buttersäure festgestellt, deren Magnesiumsalz ebenfalls wasserlöslich ist, deren Silbersalz aber in gesättigter Silbersulfatlösung in Lösung geht. Es ist möglich, an Hand der so ermittelten Zahlen Kokosöl oder Palmkernöl und Butterfett in Fettgemischen, z. B. der Margarine, dem Prozentgehalt nach zu bestimmen. Denn bei der A-Zahl folgt zuerst die Abscheidung der höheren Fettsäuren durch Magnesiumsulfat. Weiterhin wird in der Hälfte des Filtrates durch Rücktitration die Menge an fällbarem Silbernitrat ermittelt. Bei der B-Zahl wird die andere Hälfte des Filtrates neutralisiert und mit Silbersulfat gesättigt. Silberbutyrat geht in Lösung, die Silbersalze der höheren Fettsäuren bleiben ungelöst. Das Filtrat wird nun der Destillation nach Reichert-Meißl-Polenske unterworfen, wodurch die flüchtige Buttersäure festgestellt wird.

	Kokosöl	Butterfett	Sonstiges Fett
A-Zahl	27,7	6,7	0,6
B-Zahl	2,75	33,4	0,6

s) Die Buttersäurezahl nach Großfeld

Diese Zahl drückt aus, wieviel lösliche flüchtige Fettsäuren auf 5 g eines Fettes sich in einer mit Natriumsulfat und Kaprylsäure (Kokosfettsäuren) gesättigten und mit Schwefelsäure angesäuerten wäßrigen Lösung nach vorgeschriebener Arbeitsweise lösen und darauf durch Destillation erhalten werden. Angabe in ccm $^1/_{10}$ Normalsäure.

Die Zahl bezweckt in gleicher Weise wie die Reichert-Meißl-Zahl die Unterscheidung des Milch- und Butterfettes von anderen Speisefetten. Die Zahl beträgt für Milchfett 20, für Kokosöl etwa 0 und für sonstige feste Speisefette 0.

t) Die Manley-Zahl

Zur Unterscheidung von Butter und Margarine hat Manley eine auf der Stufentitration fußende Schnellmethode ausgearbeitet. Fett wird verseift, mit verdünnter Schwefelsäure gegen Methylorange neutralisiert und alsdann die Buttersäure, welche gegen Methylorange nicht erfaßt wird, mit $^1/_{10}$ Normalsäure, Phenolphthalein als

Indikator, titriert. Die Manleyzahl gibt bei der Innehaltung der vorgeschriebenen Arbeitsweise einen bestimmten Wert wieder.

u) Die Bestimmung der Jodzahl

Die J.Z. gibt die Prozente Jod an, welche ein Fett oder eine Fettsäure zu addieren vermag, und bildet daher einen Maßstab für den Gehalt an ungesättigten Verbindungen.

Die Methode beruht darauf, daß man eine geeignete Jod- oder Bromlösung von bekanntem Gehalt mit dem zu untersuchenden Fett oder Öl oder Fettsäure zusammenbringt und die Jodaufnahmefähigkeit nach den Regeln der Jodometrie bestimmt.

Die Höhe der Halogenaufnahme richtet sich nach der Zahl der Doppelbindungen im Molekül. Ölsäure geht bei Einwirkung von Jod in Dijodstearinsäure über.

Die Jodzahl, welche durch v. Hübl in die Fettchemie eingeführt worden ist, bildet für die Beurteilung der Reinheit und Identität ein außerordentlich wichtiges Kriterium. Nach der Methode Hübls wird eine alkoholische Jodquecksilberchloridlösung (25 g Jod und 30 g Quecksilberchlorid werden für sich in je 500 ccm Alkohol gelöst, gemischt und nach 2 Tagen in Benutzung genommen) mit dem in Chloroform gelösten Fett einer 2stündigen Einwirkung unterworfen. Das Gemisch von Jod und Quecksilberchlorid wirkt in gleicher Weise auf die freien Fettsäuren wie auf die Glyzeride, ein Umstand, der im Verein mit der leichten maßanalytischen Jodbestimmung diese Untersuchungsmethode zu einer äußerst einfachen gestaltet. Man hat daher zur Bestimmung der Jodmenge, die ein Fett zu addieren vermag, eine abgewogene Probe mit einer gemessenen überschüssigen Menge einer alkoholischen Jodquecksilberchloridlösung von bekanntem Gehalt zu behandeln, nach Ablauf der Reaktion mit Wasser zu verdünnen und unter Zusatz von Jodkalium das im Überschuß vorhandene Jod maßanalytisch zu bestimmen. Es ist vom praktischen Standpunkt ganz gleich, ob nur Jod oder ob Jod und Chlor und in welchem Verhältnis beide in die Verbindung eingetreten sind, da bei der maßanalytischen Bestimmung unter obigen Umständen beide Elemente gleichwertig sind. Versuche haben ergeben, daß, um die Wirkung des gesamten Jods auszunützen, auf je 2 Atome desselben mindestens 1 Mol Quecksilberchlorid nötig ist. Da die meisten Fette in Alkohol schwer löslich sind, so gibt man, um die Reaktion zu erleichtern, zweckmäßig einen Zusatz von Chloroform, der sich gegen die Jodlösung vollkommen indifferent verhält.

Die alkoholische Jodquecksilberchloridlösung besitzt die unangenehme Eigenschaft einer sehr geringen Beständigkeit. Offenbar wirkt das Jod unter diesen Bedingungen zwar sehr träge, aber doch auf den Alkohol ein. Infolge dieses Umstandes ist es nötig, mit jeder Versuchsreihe auch eine Titerstellung zu verbinden.

Zur Durchführung der J.Z.-Bestimmung sind folgende Lösungen erforderlich: Eine empirische Jodquecksilberchloridlösung, wie oben angegeben, eine Natriumthiosulfatlösung n/10 normal, Chloroform, das auf seine Reinheit untersucht werden muß, eine Jodkalilösung 1 : 10 in Wasser, und Stärkelösung als 1%iger Kleister.

Zur Bestimmung wägt man in einen mit Glasstopfen versehenen Erlenmeyerkolben bei trocknenden Ölen 0,2 bis 0,3 g, bei halb trocknenden Ölen 0,3—0,4 g und bei festen Fetten 0,8—1 g Fett ab, löst dieses in 10—15 ccm Chloroform, läßt genau 30 ccm Jodlösung zufließen und verschließt die Flasche. Sollte die Flüssigkeit nach dem Umschwenken nicht vollkommen klar sein, so wird noch etwas Chloroform zugesetzt. Tritt binnen kurzer Zeit eine fast vollkommene Entfärbung ein, so ist dies das Zeichen, daß nicht genügend Jod vorhanden ist. Man läßt in diesem Falle noch 5 oder 10 ccm Jodlösung zulaufen. Die Jodmenge muß so groß sein, daß die Flüssigkeit noch nach 1½—2 Stunden stark braun gefärbt erscheint. Nach 2 Stunden ist die Reaktion beendet, und es wird nunmehr die Menge des noch freien Jods bestimmt. Dazu versetzt man den Inhalt des Kolbens mit 15 ccm Jodkalilösung, schwenkt um und verdünnt mit etwa 100 ccm Wasser. Ein Teil des Jods ist in der wäßrigen Flüssigkeit, ein anderer im Chloroform, der sich beim Verdünnen abgeschieden und das jodierte Öl gelöst hat, enthalten. Man titriert nun die Reaktionsflüssigkeit mit n/10-Natriumthiosulfat unter Umschwenken, bis sie nur noch schwach gefärbt ist, gibt etwas Stärkelösung hinzu, wodurch Blaufärbung entsteht, und titriert vorsichtig bis zum Verschwinden der blauen Farbe.

Jetzt bestimmt man den Titer der Jodlösung, indem man 10 ccm davon unter Zusatz von Jodkali und Stärkelösung mit Natriumthiosulfat titriert. Wenn die zugesetzte Jodmenge, nach dem zuletzt gefundenen Titer berechnet, a ist, die übriggebliebene Jodmenge nach der Rücktitration b und die Einwaage c ist, dann ergibt sich als Jodzahl:

$$\text{Jodzahl} = \frac{(a-b)\cdot 100}{c}\,.$$

Die Zahlen sind ganz konstant, wenn die Jodlösung in genügendem Überschusse vorhanden war. Der Überschuß darf nach Benedikt nicht unter 30 % der angewandten Jodmenge betragen. Das Resultat ist unabhängig von der Konzentration und einem Überschuß von Quecksilberchlorid. Nach Hübl ist es gleichgültig, ob die Titration nach 2- oder 48stündigem Stehen vorgenommen wird; doch soll man der Sicherheit halber die Titration erst nach 4 Stunden vornehmen.

Eine andere Methode zur Bestimmung der Jodzahl ist die nach Wijs. Man benötigt dazu folgende Lösungen:

1. 7,8 g Jodtrichlorid und 8,5 g Jod, gelöst in 1000 ccm Eisessig. Jeder Körper wird für sich gelöst.
2. 30 g Natriumthiosulfat in 1000 ccm Wasser.
3. 10 g Jodkali, gelöst in 100 ccm Wasser.
4. Stärkelösung, bereitet durch Auflösen von „löslicher Stärke" in heißem Wasser 1 : 50.

Der Titer des Natriumthiosulfat wird mit Hilfe einer Kaliumbichromatlösung ermittelt.

Zur Bestimmung der Jodzahl wendet man an Fett die gleichen Mengen wie nach der Methode von Hübl an. Man löst die Probe in einer weithalsigen, mit Glasstöpsel versehenen Flasche von etwa 300 ccm Inhalt in 10 ccm Tetrachlorkohlenstoff auf und setzt 25 ccm Wijs-Lösung zu. Man läßt bei trocknenden Ölen 1 Stunde, bei halbtrocknenden 30 Minuten, bei nichttrocknenden $^1/_4$ Stunde im Dunkeln stehen. Darauf setzt man 10 bis 15 ccm Jodkalilösung zu, läßt Natriumthiosulfatlösung zufließen, bis die Lösung hellgelb geworden ist, und titriert unter kräftigem Schütteln nach Zusatz von Stärkelösung als Indikator bis zur Entfärbung.

Zur Bestimmung des Titers der Wijs-Lösung mißt man in der gleichen Weise 25 ccm ab, setzt 10 ccm Tetrachlorkohlenstoff zu und 15 ccm Jodkalilösung. Darauf läßt man Natriumthiosulfatlösung einfließen bis zur hellgelben Farbe, fügt Stärkelösung hinzu und nunmehr wieder Natriumthiosulfat bis zur Entfärbung.

Beispiel: Angenommen: 10 ccm n/10-Kaliumbichromatlösung entsprechen 8,5 ccm Natriumthiosulfatlösung

$$8{,}5 : 0{,}127 = 1 : x \quad x = 0{,}0149.$$

1 ccm Natriumthiosulfatlösung entspricht 0,0149 g Jod. 25 ccm Wijs-Lösung entsprechen 40,4 ccm Natriumthiosulfatlösung.

Einwaage: 1,0056 g Talg

Vorgelegt 25 ccm Wijs =	40,4 ccm	Natriumthiosulfat
Zurücktitriert	13,5 ccm	Natriumthiosulfat
Gebunden	26,9 ccm	Natriumthiosulfat

$$26{,}9 \cdot 0{,}0149 = 0{,}40081$$

$$1{,}0056 : 0{,}40081 = 100 : x \quad x = 39{,}7 \text{ Jodzahl.}$$

Hanus wendet eine Lösung von 20 g Jodmonobromid in 1000 ccm Eisessig an, welche Lösung nach Rupp auch aus 13 g Jod und 8 g Brom gelöst in 1000 ccm Eisessig hergestellt werden kann.

Andere Vorschläge, z. B. die von Margosches, sind aus der einschlägigen Literatur zu ersehen.

Unter „innerer Jodzahl" versteht man die nach Ausscheiden der festen Fettsäuren ermittelte Jodzahl der flüssigen Fettsäuren.

v) Die Rhodanzahl nach Kaufmann

Die Rhodanzahl gibt die Prozente Rhodan, ausgedrückt in Jod, an, die ein Fett oder Öl nach bestimmter Vorschrift verbraucht. Dieselbe dient zum Nachweis mehrfach ungesättigter Fettsäuren. Die Ausführung der Bestimmung erfolgt wie bei der Jodzahl nach Wijs oder Hanus beschrieben. Es sind 2 Lösungen erforderlich:

1. 8,4 g Brom werden in
   200 ccm Tetrachlorkohlenstoff gelöst und mit Eisessig zu
   500 ccm aufgefüllt.
2. In einem 2-Liter-Meßkolben mit Glasstöpsel werden 25,0 g Bleirhodanid zu
   500 ccm Eisessig gelöst.

Lösung 1 wird unter starkem Schütteln allmählich zu 2 gegeben. Vor erneuter Zugabe von 1 muß Entfärbung stattgefunden haben. Die fertige, filtrierte Lösung ist farblos. Sie muß vor Licht geschützt aufbewahrt werden. Es ist ferner darauf zu achten, daß der Eisessig vollkommen wasserfrei ist. Die Bestimmung erfolgt genau, wie bei der Jodzahl beschrieben. Nach 24stündigem Stehen wird zurücktitriert. Die Rhodanzahl ist bei Ölsäure, Elaidinsäure, Erukasäure und Brassidinsäure gleich der J.Z., bei Linolsäure und Eläostearinsäure = $\frac{\text{J. Z.}}{2}$, bei Stearolsäure und Behenolsäure findet keine Umsetzung mit Rhodan statt. Man kann mit Hilfe der Rhodanzahl die Zusammensetzung eines Fettes, insbesondere die Anwesenheit von Linolsäure, berechnen. Die Linolsäure

$$CH_3 \cdot (CH_2)_4 \cdot CH : CH \cdot CH_2 \cdot CH : CH \cdot (CH_2)_7 \cdot COOH$$

stellt einen normalen Bestandteil vieler handelsüblicher Fette und Öle dar. Es ist oft wünschenswert, den Gehalt eines Fettes an Linolsäure zu kennen. Durch die Kaufmannsche Methode ist es möglich geworden, Linolsäure in verhältnismäßig einfacher und exakter Weise zu bestimmen. Diese Methode beruht darauf, daß die Linolsäure als ungesättigte Fettsäure mit zwei Doppelbindungen, Rhodan nur an einer Doppelbindung anlagert, während Jod von beiden Doppelbindungen addiert wird. Die rhodanometrische Jodzahl der Linolsäure ist demnach gleich der Hälfte der gewöhnlichen Jodzahl. Durch diese Methode ist man nun in die Lage versetzt, den Gehalt eines Fettes an Linolsäure auf maßanalytischem Wege zu ermitteln.

Die Rhodanlösung muß völlig wasserfrei sein, da sie sonst leicht zur Hydrolyse und Polymerisation neigt. Bei ihrer Titerstellung ist zu beachten, daß 1 Mol Rhodan $(CNS)_2$ = 2 Atome Jod in Freiheit setzt, die gegen Thiosulfat gemessen werden.

Zur Bestimmung der Rhodanzahl wägt man in einen Jodzahlkolben genau 0,1—0,2 g Fett ein. Dann läßt man 25 ccm Rhodanlösung zufließen, schwenkt vorsichtig um und überläßt das Gemisch 24 Stunden unter Ausschluß jeder Lichteinwirkung der Ruhe. Nach dieser Zeit wird das nichtgebundene Rhodan nach nachstehender Methode zurückgemessen:

Man gibt in einen Erlenmeyerkolben 20 ccm 5%ige wäßrige Kaliumjodidlösung und läßt nun in diese den Inhalt des vorerwähnten Jodzahlkolbens unter Umschwenken einlaufen. Die noch an den Wandungen des Jodzahlkolbens haftenden Reste von Rhodan werden durch Nachwaschen desselben mit einigen ccm 5%iger Kaliumjodidlösung quantitativ herausgeholt, worauf zuletzt noch mit etwas Wasser nachgespült wird. Danach fügt man 50 ccm Wasser hinzu und titriert das freigemachte Jod sofort in bekannter Weie mit Thiosulfat und Stärke. Eine nach kurzer Zeit auftretende Nachbläuung bleibt unberücksichtigt. Zur Berechnung ist noch die Kenntnis der gewöhnlichen Jodzahl erforderlich.

Beispiel: Zur Aufstellung der Gleichung werden folgende Kennzahlen benötigt:

	Jodzahl	Rhodanzahl
Linolsäure (x)	181,09	90,54
Ölsäure (y)	89,9	89,9
Palmitinzahl (z)	0	0

$$\text{I.}\quad x + y + z = 100$$
$$\text{II.}\quad 181{,}09\,x + 89{,}9\,y + 0\,z = J \cdot 100$$
$$\text{III.}\quad 90{,}54\,x + 89{,}9\,y + 0\,z = R \cdot 100$$

Hieraus ergeben sich die Formeln:

$$x = \%\ \text{Linolsäure} = 1{,}104 \cdot (J - R)$$
$$y = \%\ \text{Ölsäure} = 1{,}112 \cdot (2\,R - J)$$
$$z = \%\ \text{Palmitinsäure} = 100 - x - y.$$

In diesen Formeln bedeutet: J = gewöhnliche Jodzahl, R = rhodanometrische Jodzahl. Die Berechnung der Linolsäure in % des Fettes geschieht nach folgendem Beispiel:

Die Jodzahl des Fettes betrug 61,9
Die Rhodanzahl des Fettes betrug 45,9.

Aus obiger Formel ergibt sich für Linolsäure:

$$x = 1{,}104 \cdot (J - R)$$
$$= 1{,}104 \cdot (61{,}9 - 45{,}9) = 1{,}104 \cdot 16 = 17{,}7\ \%\ \text{Linolsäure.}$$

w) Bestimmung der Azetylzahl

Die A.Z. gibt die Menge KOH in mg ausgedrückt an, welche nötig ist, um die von 1 g Fett oder Fettsäure der bei der Verseifung gebildeten Essigsäure nach vorhergegangener Azetylierung zu neutralisieren. Diese Zahl gibt daher einen Maßstab für den Gehalt an Oxyfettsäuren bzw. Fettalkoholen.

Behandelt man Oxyfettsäuren mit Essigsäureanhydrid, so tritt für das H-Atom der OH-Gruppe der Azetylrest CH_3CO ein.

x) Die Hexabromidzahl

Als Hexabromidzahl wird die nach bestimmter Vorschrift aus 100 g Öl erhaltene Menge α-Linolensäurehexabromide (Hexabromstearinsäuren) bezeichnet. Dieselbe dient der Prüfung linolensäurehaltiger Öle, z. B. Leinöl. Nach Abscheidung der Gesamtfettsäuren in üblicher Weise werden dieselben bromiert und darauf in geeigneter Weise zur Wägung gebracht. Die reinen α-Linolensäurehexabromide sind reinweiß, haben einen Schmelzpunkt von 176/178° C und lösen sich in der 50fachen Menge Benzol auf. Die Hexabromidzahl, mit 0,367 multipliziert, gibt den Linolensäuregehalt der Öle der Leinölgruppe in Prozenten an.

3. Weitere Kennzahlen

a) Die Laurinsäurezahl. Zum Nachweis von Laurinsäure neben höheren Fettsäuren haben Großfeld und Miermeister eine Arbeitsvorschrift ausgearbeitet, welche sich auf das Verhalten von Magnesiumlauratlösung beim Erkalten stützt.

b) Die Kirschner-Zahl, auch Destillationszahl genannt, ermittelt die nicht durch Silber fällbaren Reichert-Meißl-Fettsäuren.

c) Die Kaprylsäurezahl von Großfeld gibt an, wieviel durch Magnesiumsulfat nicht, wohl aber durch gepufferte Kupfersulfatlösung fällbare Fettsäuren, ausgedrückt in ccm, 0,01 Normalsäure in 0,5 g Fett enthalten sind.

d) Die partielle Jodzahl von Kaufmann, abgekürzt p.J.Z., wird auf bromometrischem Wege ermittelt und ist eine mit der Rhodanzahl übereinstimmende Kennzahl.

e) Die Jodhydroxylzahl von Margosches verläuft nach der Gleichung

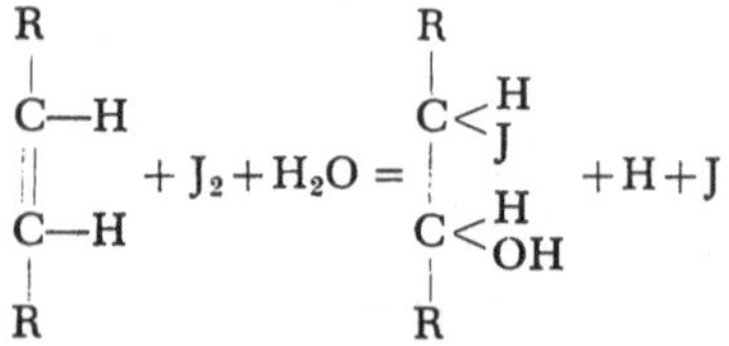

und macht die Anwendung von Fettlösungsmitteln überflüssig. Es wirkt also das Wasser hydrolysierend.

f) Der Makey-Test soll den Beweis für die „Nichtfeuergefährlichkeit“ eines Oleins erbringen. Diese Feststellung ist wichtig für die Textilindustrie. Bei der Bestimmung wird in einem vorgeschriebenen Apparat unter genau festgelegten Bedingungen die Temperaturkurve ermittelt, die bei der Oxydation des Oleins abgelesen werden kann. Gutes, brauchbares Olein zeigt nach einer Stunde eine Temperatur von 100° C, nach 90 Minuten eine solche unterhalb 105° C.

4. Qualitative Reaktionen

Für den qualitativen Nachweis der Fette und Öle sind zahlreiche Reaktionen angegeben, welche meist durch das Auftreten charakteristischer Färbungen gekennzeichnet sind. Auf die im DAB 6 angegebenen Farbreaktionen sei besonders hingewiesen. Das zu untersuchende Öl wird stets zuvor filtriert. Feste Fette werden auf dem Wasserbade nur eben geschmolzen, filtriert und erwärmt zur Anstellung der Reaktion benutzt.

a) Die Elaidinreaktion

Diese Reaktion beruht auf der Überführung des flüssigen Trioleins durch Oxydation mit rauchender Schwefelsäure in das isomere feste Trielaidin bzw. der bei 14° C schmelzenden Ölsäure in die Elaidinsäure vom Schmelzpunkt 44° C.

Elaidinsäure (trans-Stellung)	Ölsäure (cis-Stellung)
$H{-}C{-}(CH_2)_7CH_3$	$H{-}C{-}(CH_2)_7CH_3$
$\Vert$	$\Vert$
$COOH(CH_2)_7C{-}H$	$H{-}C(CH_2)_7COOH$

Es ist vor allem eine Identitätsreaktion auf Olivenöl und dient weiterhin zum Erkennen von nichttrocknenden Ölen. Die Anwesenheit trocknender Öle bedingt, daß das Öl weich bleibt und beim Umrühren unverändertes Öl abscheidet. Zur Ausführung übergießt man 5 ccm des Öles mit 5 ccm Salpetersäure von 1,185 spez. Gew., setzt etwa 1 g Kupferdraht hinzu und läßt nach tüchtigem Schütteln bei 10° C etwa 12 Stunden ruhig stehen. Reines Olivenöl bildet nach 8—12 Stunden eine krümelige, gelblich-weiße Masse. Bei Gegenwart von Sesamöl ist das Öl rötlich gefärbt. An Stelle von Kupferdraht kann man auch 1 Tropfen Quecksilber zusetzen oder 10 g Öl und 5 g Salpeter mit 5 ccm verdünnter Schwefelsäure schütteln.

b) Prüfung auf Tran

Man löst 0,5 g der aus dem zu prüfenden Öl abgeschiedenen Fettsäuren in 10 ccm Äther und versetzt sie unter Kühlung mit 3—5 ccm Jodmonochlorid-Eisessiglösung, die im Überschuß vorhanden sein muß. Nach einiger Zeit und öfterem Umschütteln bildet sich bei Gegenwart von Transäuren ein Niederschlag bzw. trübt sich die Lösung. Der in Äther unlösliche Teil besteht aus den Jodchloriden hochungesättigter Transäuren.

Oktobromidprobe: Dies ist die zuverlässigste Methode, gilt jedoch nur für normale Trane, die durch Erhitzen nicht polymerisiert sind.

Aus etwa 10 g einer Fettprobe, die man am Rückflußkühler mit etwa 25 cm alkoholischer Normalkalilauge verseift, darauf den Alkohol durch Kochen verjagt, die entstandene Seife in Wasser löst und in einen Scheidetrichter überführt, werden durch Salzsäure die Fettsäuren abgeschieden, ausgeäthert und der Äther abgetrieben. 5 ccm der Fettsäure werden in einen Scheidetrichter filtriert und mit 100 ccm „Halphens-Reagenz", das sich aus 28 Vol. Eisessig, 4 Vol. Nitrobenzol und 1 Vol. Brom zusammensetzt, gut durchgeschüttelt. Von dem nach einiger Zeit abgesetzten Niederschlag (sollte sich kein Niederschlag bilden, so ist kein Tran vorhanden) dekantiert man mit dichtem Filtrierpapier. Die mit Äther rein weiß gewaschenen Bromide werden mit Benzol eine halbe Stunde in einem kleinen Kolben am Rückflußkühler erhitzt. Löst sich das Ganze in Benzol, so enthalten die Bromide keine Oktobromide, d. h. das zu untersuchende Fett ist frei von Tran. Bei unvollständiger Lösung wird das Ungelöste auf einem kleinen Heißwassertrichter filtriert und getrocknet. Bei Oktobromiden schmilzt dann das Ungelöste nicht bei ca. 177—180° C, sondern zersetzt sich unter Schwarzfärbung bei über 200 ° C. Der Schmelpunkt ist unter langsamem Erwärmen zu bestimmen (von etwa 150—160° an höchstens 1° C Steigerung für eine Minute), damit keine Überhitzung etwa ungelöster Hexabromide entsteht, die bei rascher Erhitzung einen (scheinbar) höheren Schmelzpunkt und Verfärbung ergeben können.

c) Die Storch-Morawskische Reaktion

Dieselbe dient zum Nachweis von Kolophonium und auch von Harzöl. Man löst in einem trockenen Reagenzglas einige Tropfen der zu untersuchenden Probe in etwa 2—3 ccm Essigsäureanhydrid auf und erhitzt zum Sieden. Nach dem Erkalten bringt man mit Hilfe eines Glasstabes einen Tropfen der Lösung auf einen weißen Porzellanteller und läßt vorsichtig einen Tropfen konzentrierte Schwefelsäure heranfließen. An der Berührungsstelle bildet sich bei Gegenwart von Kolophonium oder Harzöl eine violette Zone, die aber bald verschwindet.

d) Die Ranziditätsprüfung nach Kreis

In einen mit Glasstöpsel versehenen Zylinder bringt man 3 ccm Fett oder Öl und 3 ccm Salzsäure, spez. Gew. 1,19. Man schüttelt 1 Minute kräftig um. Nach dieser Zeit fügt man 3 ccm einer Auflösung von 1 Teil Phlorogluzin in 1000 ccm superoxydfreiem Äther hinzu. Verdorbene, also ranzige, ferner gebleichte und talgige Fette und Öle geben eine leuchtend rote Färbung der Säureschicht. Fellenberg benutzt zum Nachweis der Ranzidität fuchsinschweflige Säure. In diesem Falle bilden sich rotviolette bis starkblaustichige Färbungen. Zum Nachweis des Ketonigwerdens der Fette haben Täufel und Thaler Salizyladehyd, Stamm Diphenylcarbazid herangezogen.

C. Die Einteilung der Fette und Öle

1. Tierische Fette

1. Talg. Früher wurde der Talg in der Hauptsache in der Seifenindustrie und der Stearinfabrikation verwendet. Seitdem aber die Speisefettherstellung an Umfang bedeutend zugenommen hat, wird von dieser der größte Teil des

anfallenden Talges aufgenommen. Unter Talg versteht man die Fettmassen, die sich bei den Wiederkäuern in großer Menge in der Bauchhöhle, im Netz und an den Nieren befinden. Man unterscheidet im Handel Rindertalg, Hammeltalg und Ziegentalg. Hauptproduktionsländer für Talg sind Australien, Südamerika und die Vereinigten Staaten von Nordamerika. Inländischer Talg ist weiß, neutral und frei von unangenehmem Geruch, dagegen ist der ausländische Talg meist stark gelb gefärbt und mehr oder weniger stark riechend. Die geringeren Sorten Austral- und La Plata-Talg sind gewöhnlich stark sauer mit einem Gehalt an freier Fettsäure bis zu 25 %. Hammeltalg ist gelblich weiß, härter als Rindertalg und nimmt, vor allem bei einer längeren Lagerung, einen eigentümlichen unangenehmen Geruch an. Deshalb ist Hammeltalg zur Herstellung von Toiletteseifen unbrauchbar. Er ist jedoch ein vorzügliches Fett zur Herstellung von gekörnten, Alabaster- und Salmiak-Terpentin-Schmierseifen.

Der Talg besteht aus Stearin, Palmitin und Olein, deren Zusammensetzung sich ganz danach richtet, von welchen Körperteilen der Talg stammt. Im Durchschnitt besteht er aus etwa 45—50 % Glyzeriden der festen Fettsäuren und 50—55 % Olein. Er ist in der Kälte hart und bröcklich. Seine Beurteilung im Handel erfolgt nach dem sogenannten Talgtiter, das ist der Erstarrungspunkt seiner Fettsäure. Er liegt beim Rindertalg zwischen 43,5 und 45° und beim Hammeltalg zwischen 45 und 46°. Wird der Talg längere Zeit der Luft ausgesetzt, so nimmt er Sauerstoff auf und wird ranzig. Im Handel ist er oft durch Wasser, Schmutz und Hautteile verunreinigt anzutreffen. Ferner wird er oft durch billigere Fette verfälscht. Diese Verfälschungen sind nicht immer mit Sicherheit nachzuweisen. Maßgebend ist immer der Titer, der bei Talg nicht unter 40° liegen soll.

Die Verseifungszahl des Rindertalges schwankt zwischen 193 und 202, die des Hammeltalges zwischen 193 und 196. Die Jodzahl nach Hübl beträgt 32—46 bzw. 35—46 und die Jodzahl der abgeschiedenen Fettsäuren 41,3 bzw. 34,8. Durch Abkühlen und Abpressen erhält man Oleomargarin und Premier jus.

Der Talg findet in der Seifenindustrie Verwendung zu Kern-, Eschweger- und Naturkornschmierseifen. Er verseift sich nur mit schwachen Laugen. Verseift man Talg allein, so ist eine Anfangslauge von 8—10 Bé erforderlich, womit er leicht eine Emulsion bildet. Ist diese eingetreten, so kann man mit einer 12—15grädigen Lauge weitersieden. 100 Teile Talg geben mit Natronlauge verseift durchschnittlich 160 Teile Seifenkern. Talg hat einen theoretischen Glyzeringehalt von 10,5 %.

2. Schweinefett. Es findet sich beim gemästeten Schwein unter der Haut als Speck und in der Bauchhöhle, im Netz und an den Nieren als Schmalz. Der Speck dient im frischen und geräucherten Zustand ausschließlich als Nahrungsmittel. Das Schmalz bildet neben seiner Verwendung als Nahrungsmittel in vielen Industriezweigen einen wichtigen Rohstoff. Es dient zur Herstellung von Salben, Pomaden und feinen Toiletteseifen, ferner zum Einschmieren von Lederwerk. Man gewinnt es meist durch Ausschmelzen über freiem Feuer. In großen Schweineschlächtereien wird es auch mittels gespanntem Dampf gewonnen.

Das Schweinefett ist von körniger, salbenartiger Konsistenz, rein weiß und von angenehmem Geschmack. An der Luft wird es ziemlich schnell ranzig und färbt sich dabei gelb. Es besteht aus den Glyzeriden der Laurin-, Myristin-, Palmitin- und Ölsäure sowie aus geringen Mengen Linolsäure. Der Schmelzpunkt liegt bei 26—42°, während der Erstarrungspunkt der Fettsäuren bei 34—42° liegt. Die großen Schwankungen richten sich ganz nach der Herkunft des Fettes. Am härtesten ist das Liesenfett, das etwa 62 % Olein und 38 % Stearin und Palmitin enthält. Dann folgt das Rückenfett, während das Bauchfett das weichste ist. Das geschmolzene Fett erstarrt sehr langsam und erhält erst nach längerer Zeit seine ursprüngliche

Festigkeit wieder. Die Verseifungszahl wurde zu 193 bis 198 ermittelt, die Jodzahl zu 46—77.

Im amerikanischen Schweinefetthandel unterscheidet man Neutral lard, leaf lard, Steam lard, Stiffened lard und Compound lard. Das Schweinefett kommt häufig verfälscht in den Handel. Das Hauptverfälschungsmittel ist Wasser. Hierzu setzt man etwas Alaun, Kalk oder Borax zu. 1 % Kalk oder 2—3 % Alaun verdecken schon 10—12 % Wasser. Läßt man das Fett zergehen und wieder erkalten, so setzen sich die Verfälschungen unten ab und können leicht nachgewiesen werden. Mit Talg, Kokos- oder Palmkernöl ergibt das Schweinefett eine schöne geschmeidige und speckige Kernseife, die einen ausgesprochen zarten Schaum abgibt. Von Abdeckereien erhält man öfter ein Schmalz, das zwar dunkel gefärbt und sehr übelriechend ist, sich aber zu ganz vorzüglichen Seifen verarbeiten läßt. Die Ausbeute an reiner Kernseife beträgt bei Schweinefett 155 %.

Die Gewinnung des Schweinefettes für technische Zwecke erfolgt in der Hauptsache wie die des Talges, also vorheriges Zerkleinern der Fettmassen und anschließendes Ausschmelzen mit Dampf.

Soll das Schmalz gebleicht werden, so unterwirft man es einer Behandlung mit Bleicherde. Man rechnet ungefähr 2½—3 % Bleicherde, um ein weißes Produkt zu erhalten. Wichtig ist, dafür zu sorgen, daß Schmalz und Bleicherde frei von Feuchtigkeit sind. Die Reinigungskraft, d. h. die Farbstoff absorbierende Fähigkeit der Bleicherde ist außerordentlich verschieden. Je feiner die Erde ist, um so besser ist sie für die Zwecke der Bleichung. Die Behandlung des Schmalzes mit Erde soll bei höchstens 75° C vorgenommen werden. Ein Rührapparat sorgt für die Mischung. Je inniger diese bewirkt wird, um so heller fällt das Schmalz aus. Die Trennung des Schmalzes von dem Bleichmittel wird in Filterpressen bewirkt. Die Filtertücher müssen aus bestem Material sein. Das Abkühlen des Schmalzes erfolgt durch Kühlwalzen, wodurch es sowohl schnell abgekühlt als auch gleichmäßig verrieben wird.

Das Schweinefett hat die Eigenschaft, Gerüche an sich zu ziehen. Darauf beruht die Herstellung von ätherischen Ölen aus duftenden Pflanzen. Hierzu bestreicht man Glastafeln mit einer dünnen Schicht höchst gereinigten Schweinefettes, bestreut diese mit den frischen Blüten, wechselt die Blüten nach etwa 12 Stunden und wiederholt diese Arbeit so oft, bis das Fett stark nach den betreffenden Blüten riecht. Man nennt dieses Verfahren Enfleurage oder Mazeration. Das Fett wird dann durch ganz gelinde Wärme abgeschmolzen, in große Gläser gebracht und mit starkem Alkohol übergossen, der wohl die ätherischen Öle, nicht aber das Fett löst. Das zurückbleibende parfümierte Fett kommt dann als Blumenpomade in den Handel.

3. Knochenfett. Die im Haushalt und den Schlächtereien anfallenden Knochen enthalten neben phosphorsaurem Kalk und Leim eine ziemliche Menge Fett. Um dieses zu gewinnen, werden die Knochen zunächst mechanisch durch starke Brecher gebrochen und dann in geschlossenen Kesseln mit gespanntem Dampf behandelt. Nach dem Dämpfen wird die entstandene Brühe, die neben dem Knochenleim das Fett enthält, abgelassen. Nach längerem Stehen scheidet sich oben das Fett ab, das nach dem Erstarren abgeschöpft wird. Nach nochmaligem Umschmelzen kommt es dann in den Handel. Das so gewonnene Fett nennt man Naturknochenfett. Es fällt nach der Beschaffenheit der verarbeiteten Knochen sehr verschiedenartig aus. Da in den Knochenmehlfabriken meist nur alte, zum Teil schon faulige Knochen zur Verarbeitung kommen, ist das Fett meist dunkel gefärbt und enthält größere Mengen an freier Fettsäure, häufig auch Kalkseifen, die durch Einwirkung der Fettsäuren auf die Knochensubstanz entstanden sind.

Eine andere Gewinnungsmethode ist die der Extraktion. Die gebrochenen Knochen werden in geeigneten Apparaten durch ein Lösungsmittel wie Benzin, Tetrachlorkohlenstoff oder Trichloräthylen extrahiert. Dadurch wird den Knochen das Fett viel weitgehender entzogen als bei dem ersten

Verfahren. Das durch dieses Verfahren gewonnene Fett nennt man Benzinknochenfett, das meist sehr dunkel ausfällt und einen unangenehmen Geruch aufweist. Es enthält neben Wasser noch viel Unreinigkeiten und läßt sich schwer oder gar nicht bleichen. Selbst wenn eine Bleichmethode anscheinend zu einem guten Resultat führt, dunkelt das Fett wieder stark nach. Auch der unangenehme Geruch macht sich dann wieder bemerkbar. Das liegt in der Hauptsache daran, daß das Fett in den meist sehr alten Knochen bereits eine weitgehende Veränderung erlitten hat.

Als gutes Bleichmittel für Knochenfett hat sich die Bleicherde, Fullererde oder Tonsil erwiesen. Sollte die Bleicherde nicht zum Ziele führen, wendet man bleichende Chemikalien wie Kaliumbichromat mit Schwefelsäure oder Wasserstoffsuperoxyd an. Je größer der Gehalt an freier Fettsäure ist, desto schwieriger ist eine Bleichung auszuführen. Die Bleichung mit Kaliumbichromat wird ebenso wie beim Talg beschrieben ausgeführt. Für 100 kg Fett benötigt man ½ kg Bichromat, gelöst in 1½ kg Wasser und vermischt mit 2 kg Salz- oder Schwefelsäure. Die Masse wird mit dem Rührgebläse gut durchgearbeitet, der Ruhe überlassen, die Säure abgezogen und das Fett mit Wasser so lange gewaschen, bis es neutral ist. Fettsäuren können auf diese Weise nicht gebleicht werden, da sich der vom gelösten Chromoxyd herrührende Stich ins Grüne nicht auswaschen läßt.

Die Chemische Fabrik *Griesheim-Elektron* macht auf eine Verunreinigung aufmerksam[1]), die sich zuweilen in Fetten findet, die mit Tetrachlorkohlenstoff extrahiert sind. Enthält das Ausgangsmaterial Eisen, so tritt eine teilweise Zersetzung des Tetrachlorkohlenstoffes unter Bildung von Perchloräthan ein. Da Rohknochen oft durch Eisenstücke verunreinigt sind, findet sich das Perchloräthan besonders häufig in Tetraknochenfett. Bei der Spaltung des Fettes durch basische Agenzien, wie Magnesia und Zinkoxyd, wird das Perchloräthan durch das Oxyd unter Bildung eines lös-

---

[1]) Mitteilung der Chem. Fabr. Griesheim-Elektron, Seifens.-Ztg. 1908, S. 40.

lichen Chlorids, das in das Glyzerin übergeht, angegriffen. So ergeben derartige Fette oft sehr aschenreiche Glyzerine. Ein Gehalt von 0,2 % Perchloräthan im Fett führt bereits zu einem Aschengehalt von 3 % in Glyzerin. Man sieht daher von einer Verarbeitung von Tetrafetten besonders im Autoklaven ab, wenn eine Vorprüfung des Fettes die Abspaltung löslicher Chloride anzeigt. Zu dieser Vorprüfung verseift man eine Probe des Fettes mit Ätzkali und zersetzt die gebildete Seife mit verdünnter Schwefelsäure oder Salpetersäure. Das vom Fett getrennte wäßrige Filtrat darf mit Silberlösung sich nur schwach trüben. Bei Bildung eines stärkeren Niederschlages ist das Fett geringer zu bewerten.

In Verbindung mit anderen Fetten gibt das Knochenfett gute Kernseifen. Auch für Harzkernseifen und gekörnte Schmierseifen ist es vorteilhaft zu verwenden. Für glattweiße Kernseifen ist es nicht geeignet, da auch das beste Knochenfett die verlangte rein weiße Farbe nicht gibt. Auch für Textilseifen ist es gut verwendbar. Die Knochenfette des Handels enthalten viel freie Fettsäuren und verseifen sich deshalb sehr leicht mit stärkeren Laugen. Man vermeide bei dem Fettansatz einen allzu hohen Zusatz, da vor allem die dunkleren Fette durch ihre Unreinigkeiten eine trübe und leimige Unterlauge ergeben. Enthält ein Knochenfett große Mengen an Kalksalzen, so ist es besser, das Fett vorher mit verdünnter Schwefelsäure zu behandeln. Extrahierte Knochenfette überläßt man am besten den Stearinfabriken. Ein gutes Knochenfett ergibt eine Ausbeute von 150—155 % Kernseife.

Die im Handel vorkommenden Knochenfette zeigen einen sehr verschiedenen Schmelzpunkt, der zwischen 20 und 28° schwankt. Der Erstarrungspunkt der Fettsäuren liegt bei 28°, die Verseifungszahl bei 190,9. Der Gehalt an freier Fettsäure schwankt zwischen 8 und 56 %.

Die Bedeutung einer rationellen Verwertung der Knochen wird durch die Tabelle (Seite 79) veranschaulicht.

4. P f e r d e f e t t. Das Pferdefett oder auch Kammfett genannt wird ebenso wie die vorher beschriebenen Fette durch Behandeln mit gespanntem Dampf in geschlossenen Kesseln gewonnen. Auch die Raffination findet in der gleichen Weise statt.

Das reine Pferdefett ist hellgelb und hat bei gewöhnlicher Temperatur eine butterartige Konsistenz. Sein Schmelzpunkt liegt bei 28—30°, die Verseifungszahl bei 195—197 und der Erstarrungspunkt der abgeschiedenen Fettsäuren bei 32—34°. Die Jodzahl ist 75—86. Es verseift sich sehr leicht mit Laugen von 20° Bé und gibt schöne, gelbliche und feste Kernseifen. In 100 Teilen Kammfett sind 65 Teile Olein und 35 Teile Stearin und Palmitin enthalten.

5. K l a u e n f e t t. Die Füße der Rinder und Pferde enthalten ein Fett, das reich an Olein und deshalb noch unter dem Nullpunkt flüssig bleibt. Man reinigt die Füße der Tiere von Schmutz und Blut und gewinnt das Fett durch Kochen mit Wasser unter erhöhtem Druck. Das so vorbereitete Material wird in einen doppelwandigen Autoklaven gebracht. Man läßt sowohl in den Mantel wie auch in das Innere des Autoklaven Dampf ein und steigert allmählich den Dampfdruck auf 4—4½ atü. Die Temperatur erreicht dabei 125—150° C. Durch diese Behandlung tritt das Öl aus den Kanälen der Knochen heraus und sondert sich an der Oberfläche des Wassers ab. Die wäßrige Flüssigkeit wird von Zeit zu Zeit zusammen mit dem Öl in ein besonderes Gefäß, den Rezipienten, abgelassen und als dann mehrere Stunden der Ruhe überlassen. Das Öl sondert sich auf der Oberfläche ab und wird abgeschöpft. Zur völligen Klärung und Trennung von Wasser wird es mit Hilfe von Dampf in einem Bottich unter Zugabe von Kochsalzlösung langsam erhitzt. Nach mehreren Stunden der Ruhe hat sich das Öl geklärt abgeschieden. Bisweilen trennt sich das Öl nicht völlig vom Wasser, und es bildet sich eine Zwischenschicht. Diese Schicht muß für sich besonders geklärt werden. Das fertige Öl ist von schön gelber Farbe. Bei längerem Stehen bildet sich häufig ein

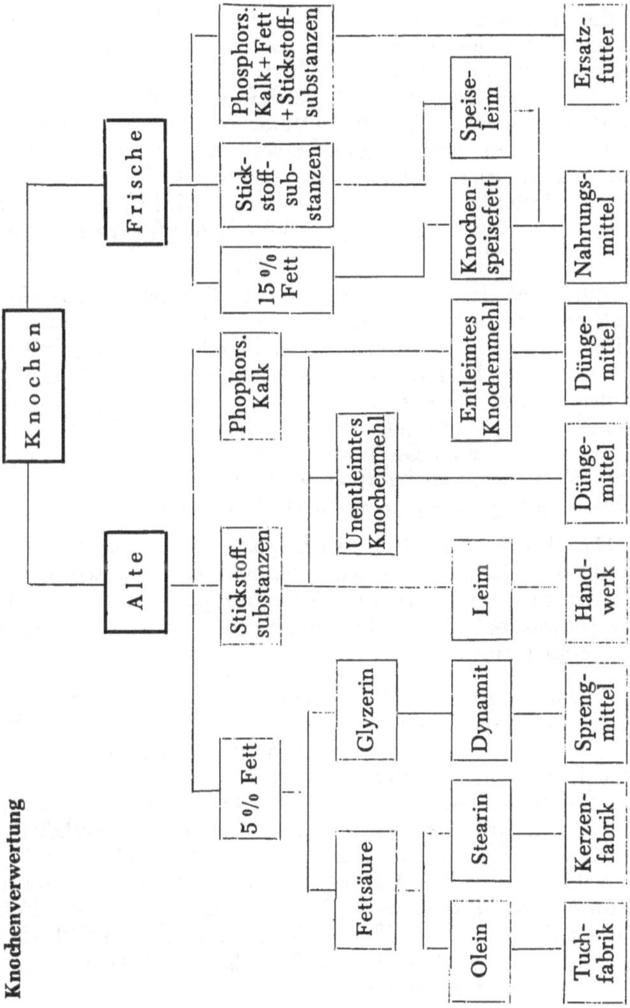

Knochenverwertung

Bodensatz, der im wesentlichen aus Stearin besteht. Die Abscheidung des Stearins kann durch Abkühlen des Öles gefördert werden. Die zurückbleibenden Knochen sind in ihrer Struktur unverändert geblieben, aber spröde und brüchig geworden. Die Entfettung der Knochen im Autoklaven ist keine völlige, und die restlose Entfernung erfolgt durch Extraktion mit den bekannten Fettlösungsmitteln. Die fettfreien Knochen, welche im wesentlichen aus Kalzium- und Magnesiumphosphat bestehen, bilden ein wichtiges Düngemittel.

Man setzt das Fett einer niederen Temperatur aus (Eiskellertemperatur) und preßt es aus. Der dabei abfließende flüssige Teil ist das wertvolle Klauenöl, das als Schmiermittel feiner Präzisionsmaschinen dient. Hierzu muß es säurefrei sein. Der zurückbleibende feste Anteil wird als Knochenfett verarbeitet. Wegen seines hohen Preises wird es oft mit anderen Ölen verschnitten, z. B. Tran, wodurch sein Wert stark verringert wird. Reines Klauenöl wird sehr schwer ranzig, ist säurearm und kältebeständig.

Das Klauenfett ist schwach gelb, hat einen Schmelzpunkt von 12°, der Erstarrungspunkt der abgeschiedenen Fettsäuren liegt bei 26°, die Verseifungszahl bei 191—203, die Jodzahl bei 44—75. Der abgepreßte Anteil, das Klauenöl, erstarrt erst unter 0°.

6. Butterfett. Die Gewinnung dieses für die Ernährung höchst wichtigen Fettes ist allgemein bekannt, so daß sich eine weitere Beschreibung erübrigt. Die Butter wird sehr leicht ranzig; schon ganz geringe Mengen Buttersäure, die kaum wägbar sind, verleihen der Butter einen unangenehmen kratzigen Geschmack. Die Butter enthält zu $^9/_{10}$ Glyzeride der Öl-, Palmitin und Stearinsäure und zu $^1/_{10}$ Glyzeride der Butter-, Capron-, Capryl-, Caprin-, Laurin- und Myristinsäure. Der Erstarrungspunkt der Fettsäuren liegt bei 36—38°, die Verseifungszahl bei 222—232, die Jodzahl bei 26—39. Zur Verfälschung dienen Kokos-, Palmkern- und Baumwollsaatöl.

Zur Prüfung auf Reinheit wendet man die Bestimmung der R.M.Z. in Verbindung mit der P.Z. an. Die R.M.Z. der Butter liegt zwischen 24—32. Zum Nachweis von Kokosfett in Butterfett gibt aber die R.M.Z. allein keinen genügenden Anhalt, da ein Zusatz von 20 % Kokosfett die Zahl nicht sehr beeinflußt. Es ist erforderlich, stets die R.M.Z. in Verbindung mit der P.Z. auszuführen. Die höchste P.Z. bei Butter ist 3, die des Kokosfettes dagegen etwa 17,8. Bei der R.M.Z. wird im wesentlichen die Buttersäure titriert, durch die P.Z. dagegen die Kapryl- und Kaprinsäure, Körper, die als Ester den Hauptbestandteil des Kokosfettes bilden. Nachstehende Zahlen mögen das Gesagte erläutern:

	R.M.Z.	P.Z.
Butterfett	29	2,8
Kokosfett	7,7	17,8

Bei einem Gemisch von 80 % Butterfett und 20 % Kokosfett berechnet sich die R.M.Z. zu $29 \cdot 0{,}8 = 23{,}2$ bzw. $7{,}7 \cdot 0{,}2 = 1{,}54$, daher 24,74. Die P.Z. ist $2{,}8 \cdot 0{,}8 = 2{,}24$ bzw. $17{,}8 \cdot 0{,}2 = 3{,}56$, daher 5,8.

7. Walrat. Dieses Fett findet sich in den Kopfhöhlen des Pott- und Entenwales sowie als fester Bestandteil des Delphin- und Haiöles. Das gereinigte Fett bildet eine weiße, kristallinische, blättrige Masse, die sich in kochendem Alkohol leicht löst. Es besteht aus Palmitinsäure-Cetyläther und geringen Mengen Laurinsäure- und Palmitinsäureglyzeride. Die höheren Alkohole, Cetylalkohol, betragen 51 %. Sein Schmelzpunkt liegt bei 42—45°, die Verseifungszahl bei 123—135 und die Jodzahl bei 4—5. Er wird in der Hauptsache in der Parfümerie verwandt.

8. Tran. Der Tran ist das aus dem Speck der großen Meeressäugetiere und Seefische gewonnene Fett. Je nach Art seiner Herkunft ist der Tran in seinen Eigenschaften sehr verschieden. Man unterscheidet Waltran, Robbentran, Delphintran, gewöhnlichen Fischtran, Haifischtran, Lebertran u. a. Sämtliche Trane haben einen eigentümlichen, unangenehmen Geruch und Geschmack, der auch durch

Raffinieren nicht beseitigt werden kann, trotzdem es nicht an Versuchen und Patenten[1]) gefehlt hat, die Trane geruchlos zu machen. Der Hauptträger des Trangeruches ist die Clupanodonsäure. Man unterwirft den Tran unter Hochvakuum einer Dampfdestillation, wobei man kurze Zeit auf etwa 250° erhitzt, wodurch die Geruchsbestandteile entfernt werden. Die Apparatur muß hierbei aus Nickel oder rostfreien Stählen bestehen. Da bei diesem Verfahren die Luft abwesend ist, kann keine Oxydation erfolgen. Eine gründliche Durchmischung mit dem Treibdampf ist unbedingt erforderlich.

Zur Entfernung noch anhaftender Verunreinigungen, z. B. niedriger Fettsäuren, empfiehlt es sich in manchen Fällen, dem Desodorisierungsprozeß eine Nachreinigung durch Waschen oder Dämpfen folgen zu lassen. Die Vorreinigung erfolgt in der Weise, daß man den Tran auf Wasser, dem man Kochsalz, Alaun oder schwefelsaure Tonerde zugesetzt hat, mit direktem Dampf behandelt. Die eiweißartigen Verunreinigungen koagulieren und setzen sich in der Ruhe ab. Eine Behandlung mit Schwefelsäure verträgt Tran nicht, er wird dadurch stark gebräunt. Daß der Trangeruch an die ungesättigten Fettsäuren gebunden ist, ist dadurch erwiesen, daß die Trane und deren Fettsäuren bei der Hydrierung vollkommen geruchlos werden. Dadurch werden die Trane allerdings in ihren chemischen und physikalischen Eigenschaften weitgehend verändert. Aus dem flüssigen Öl entsteht ein weißes schmalz- bis talgartiges Fett, je nachdem, wie weit man die Hydrierung treibt. Es sind dies die sogenannten Hartfette, deren Herstellung in den letzten Jahrzehnten einen gewaltigen Aufschwung erlebt hat. Siehe Seite 28 ff.

Die Trane enthalten als charakteristischen Anteil die Glyzeride der Physetölsäure. Jeder Tran ist etwas in kaltem, leicht in heißem Alkohol und Äther löslich. Im Handel sieht man vor allem darauf, daß der Tran bei längerem

[1]) Eine Zusammenstellung der Patente findet sich in Ubbelohde-Goldschmidt, Chemie und Technologie der Öle und Fette, Bd. 3, S. 532, Leipzig 1911.

Lagern keinen Bodensatz absetzt. Die besseren Transorten finden in der Medizin Anwendung und die geringeren zu industriellen Zwecken. Die Trane verseifen sich sehr leicht und geben meist eine gute Ausbeute. In der Seifenindustrie wird der Tran in der Hauptsache nur noch als gehärtetes Fett verwendet, da sich der Verbraucher an dem nicht wegzubringenden Fisch- und Trangeruch stößt.

a) Der Walfischtran. Er entstammt dem Speck verschiedener Walarten. Zum Fang der Walfische werden ganze Walfangflotten ausgerüstet, die sofort nach dem Fang den Tran in ihren eigenen Trankochereien an Bord gewinnen. Bei dem Bartenwale liegt der Speck in einer oft mehr als 30 cm dicken Schicht unter der Haut, woraus der Tran durch Kochen mit Dampf gewonnen wird. Der rohe Tran enthält neben den übelriechenden Fäulnisprodukten noch tierischen Leim, den man beim Kochen durch Zusatz von Chemikalien ausfällt. Der sorgfältig raffinierte Walfischtran ist eine hellgelb bis dunkelbraune Flüssigkeit und besteht aus Glyzeriden flüssiger Fettsäuren und der Clupanodonsäure. Der Gehalt an Unverseifbarem beträgt 0,7—3,7 %. Er wird in der Seifenfabrikation und Speisefettindustrie als gehärtetes Fett gebraucht. Verseifungszahl 188—193 (Südwalöl) und 188—202 (Nordwalöl), Jodzahl 110—136. Erstarrungspunkt der abgeschiedenen Fettsäuren 23—24°.

b) Der Robbentran. Die Walrosse und Seehunde haben unter ihrer Haut eine dicke Specklage, die einen guten Tran liefert. Auch gewinnt man den Tran durch Auskochen des Speckes. Dadurch, daß man den Tran sofort nach Tötung der Tiere gewinnt und die Zellgewebe nicht in Fäulnis übergehen können, erhält man einen ziemlich hellen Tran. Man verwendet ihn wie den Waltran in der Seifen- und Speisefettindustrie, ebenso in der Lederindustrie zum Geschmeidigmachen des Leders. Er besteht aus den Glyzeriden der Physetölsäure, der Palmitin-, Stearin-, Öl- und Clupanodonsäure. Er wird oft mit Mineral- und Harzöl verfälscht. Sein Erstarrungspunkt liegt bei – 2—3°

und der der abgeschiedenen Fettsäuren bei 15—16°, die Verseifungszahl beträgt 189—196 und die Jodzahl 127 bis 152. Der Gehalt an Unverseifbarem beträgt 0,5—1 %, an Oxyfettsäuren 0,8 % und an freien Fettsäuren 1—20 %.

c) Der Delphintran. Der Delphin liefert ebenfalls eine nicht unbedeutende Menge des im Handel als Tran vorkommenden flüssigen Fettes. Der Delphintran ist wie der Waltran dünnflüssig und hellgelb, aber von eigentümlichem Geruch, der bei längerer Lagerung an der Luft ziemlich verschwindet. Er enthält ziemlich viel Walrat, der sich beim Erkalten und längerem Stehen absetzt. Er wird zur Herstellung eines feinen Schmieröles verwendet. Der Delphintran enthält viel flüchtige Valeriansäuretriglyzeride. Sein Erstarrungspunkt liegt bei + 5 bis – 3°, Verseifungszahl bei 197—203 und die Jodzahl bei 100 bis 128.

d) Der Haifischtran. Er entstammt den Lebern verschiedener Haiarten. Er wird in der Gerberei und der Seifensiederei verwendet. Er ist von hellgelber Farbe und erstarrt bei – 6°. Verseifungszahl 163,5, Jodzahl 127, Unverseifbares etwa 10 %.

e) Der Lebertran. Dieser besonders in seinen feineren Sorten für Heilzwecke wichtige Tran stammt aus den Lebern des Dorsches und Kabeljaus. Er wird hauptsächlich in Norwegen gewonnen. Man gewinnt ihn ebenfalls durch Behandlung mit gespanntem Dampf, wodurch die Zellhüllen zerreißen und der Tran ausläuft. Man erhält auf diese Weise einen ganz mild schmeckenden Tran, welchen man zuerst abkühlt, damit sich die festen Anteile abscheiden, um ihn dann noch zu filtrieren. So erhält man einen ganz hellen, milden Tran, den man als Dampf-Medizinallebertran bezeichnet. Er besteht aus einem komplizierten Gemisch von Glyzeriden der Palmitin-, Stearin-, Therapin- und Clupanodonsäure und Cholesterin. Er enthält 2,7 % Unverseifbares. Sein Erstarrungspunkt liegt bei 0—10°, der der abgeschiedenen Fettsäuren bei 13—24°,

Verseifungszahl bei 171—193 und die Jodzahl bei 135 bis 168.

f) Der Heringstran. Er wird häufig auch Fischöl, Japan- oder Sardinentran genannt. Er wird aus den Heringen und Sardinen gewonnen und ist ein gelbbraunes Öl, das zur Lederappretur verwendet wird. Er ist ungefähr wie die übrigen Trane zusammengesetzt und enthält im Durchschnitt 1,5 % Unverseifbares, 1,2 % Oxysäuren und oft bis über 40 % freie Fettsäuren. Die Verseifungszahl liegt bei 171—195, die Jodzahl bei 103—192.

9. Wollfett. Die Wolle der Schafe enthält eine Substanz, die im wesentlichen aus Cholesterin, Stearin- und Palmitinsäure besteht. Die durch Extraktion der Wolle mit flüchtigen Lösungsmitteln erhaltene fettartige Substanz unterscheidet sich in chemischer Beziehung sehr von den gewöhnlichen Fetten, da in ihr die enthaltenen Fettsäuren nicht an Glyzerin, sondern an Cholesterin, Isocholesterin und einwertige hochmolekulare Alkohole gebunden sind. Das Wollfett ist also eigentlich gar kein richtiges Fett und wäre wohl besser als Wollwachs zu bezeichnen. Wenn nicht durch Extraktion, so geschieht die Entfettung der Wolle auch durch Waschen mit Seifenlösung. Die Waschwässer werden dann mit verdünnter Schwefelsäure bei mäßiger Wärme behandelt, wobei sich die Fettsäuren als flockige Masse abscheiden, aus denen nach dem Erkalten durch Pressen das Wollfett erhalten wird. Das rohe Wollfett hat eine Verseifungszahl von 82 bis 130, eine Jodzahl von 17—29.

Wird das rohe und gebleichte Wollfett in Äther, Benzol oder Schwefelkohlenstoff gelöst, das Lösungsmittel abdestilliert und der Rückstand mit Wasser durchgearbeitet, so erhält man eine weiße, geruchlose, salbenartige Masse, das Lanolin, das in der Medizin vielfache Verwendung findet.

Zum Nachweis der Identität wird eine Lösung von Wollfett in Chloroform 1 : 49 über konzentrierte Schwefelsäure geschichtet. An der Berührungsfläche entsteht eine feurigbraunrote Zone, die an Stärke im Verlaufe von 24 Stunden zunimmt. Wollfett bzw. Lanolin dient als Salbengrundlage und als Überfettungsmittel für Seifen. Mit dem Zusatz darf man aber nicht über 10 % hinausgehen. Kaltgerührten Seifen setzt man das geschmolzene Lanolin kurz vor dem Ausgießen in die Form zu. Im Handel unterscheidet man:

1. Rohwollfett von heller bis dunkler Farbe und wechselnder Konsistenz.
2. Neutralwollfett, hellbraun.
3. Adeps lanae anhydricus, je nach der Aufnahmefähigkeit von Wasser.
4. Wollfettstearin, wachsgelb und knetbar oder grau und klebrig oder lederbraun und bröckelnd.
5. Wollfettpech.
6. Wollfettolein mit ca. 55 % Verseifbarem von heller bis dunkler Farbe.
7. Wollfettsäure mit etwa 60 % Verseifbarem.

Wollfettolein erhält man bei der Destillation von rohem Wollfett mit überhitztem Wasserdampf. Dabei destilliert Wollfettstearin oder Wollfettwachs zugleich mit dem Olein über, welches von jenen nach dem Erkalten des Destillats durch Abpressen getrennt wird. Das so erhaltene Wollfettolein ist eine gelbe bis rotbraune, fluoreszierende Flüssigkeit von 0,900—0,910 spez. Gew. Es wird unter dem Namen Wollöl oder Wollspicköl von Wollkämmereien und Wollwebereien zum „Schmälzen" der Wolle benutzt.. Wollfettolein kann ferner bei der Herstellung von Wagenfetten und konsistentem Maschinenfett das Fett oder Öl zum Teil ersetzen. Dazu schmilzt man die Fettsäure mit den Ölen zusammen und verseift mit gelöschtem Kalk.

2. Pflanzenfette

a) Nichtrocknende Öle

1. Palmöl. Das Palmöl wird aus dem Fruchtfleisch der Ölpalme, hauptsächlich von Elaeis guianensis und Elaeis melanococca, durch Auspressen und Auskochen gewonnen.

Die wichtigsten Erzeugnisorte sind Afrika, Südamerika und Indien. Das beste Palmöl ist das Lagospalmöl. Andere Handelsmarken sind das Old-Calabraröl, Accra-, Benin-, Kamerun-, Liberia-, Kongo- und Loandaöl. Das rohe Palmöl hat eine orangegelbe bis rotbraune Farbe, die sich sehr leicht ausbleichen läßt. Durch einfache Verseifung ist die Farbe nicht zu zerstören. Das Bleichen des Öles findet nach drei verschiedenen Verfahren statt: Überhitzung, Wärme und Luft und durch chemische Bleichmittel. Das erste Verfahren, das in einer raschen Erhitzung auf 220 bis 240° bestand, wird kaum noch angewendet, da man damit ziemliche Verluste hatte. Besser ist das Bleichen mit dem Körtingschen Dampfstrahl- und Luftsaugeapparat. Bei dieser Bleiche wird der angenehme Geruch des Öles erhalten. Hierbei wird durch das Öl in einem geeigneten Kessel in erwärmtem Zustand ein scharfer Luftstrom geblasen, wodurch der Farbstoff allmählich verschwindet.

Bei dem Körtingschen Apparat geschieht das Bleichen durch den Sauerstoff der Luft. Der Apparat besteht aus einem eisernen, luftdicht verschließbaren Gefäß, an dessen oberen Teile ein Dampfstrahlluftsaugapparat angebracht ist. In diesem Gefäß befindet sich eine kupferne Heizschlange sowie ein mit kleinen Löchern versehenes Luftverteilungsrohr. Die Temperatur des Öles wird auf annähernd 100° C gehalten und während zweier Stunden Luft durchgesaugt. Lagosöl bleicht sich am besten. Andere Sorten, wie Old Calabar, New Calabar, Benin, Braß, Kongo, Accra usw. verlangen eine längere Bleiche.

Bei der chemischen Bleiche verfährt man ähnlich, wie schon mehrfach bei den tierischen Fetten beschrieben, indem man das geschmolzene Fett mit Bichromat und Salzsäure behandelt. Das vorher gereinigte Öl bringt man in einen Holzbehälter und versetzt es bei 50° mit einer Mischung von 50 kg Salzsäure und 12 kg Kaliumbichromat, das in 24 kg kochendem Wasser gelöst wurde. Diese Menge gilt für 1000 kg Palmöl. Man krückt das Öl ungefähr ¼ Stunde gut durch, wobei es eine dunkle, schmutziggraue Farbe annimmt. Dann übergießt man das Öl mit 70 kg heißem Wasser mit Hilfe einer Gießkanne, deckt den Behälter zu und läßt bis zum anderen Tage stehen. Das

Öl hat sich dann gut abgesetzt. Nachdem die Säure abgezogen worden ist, wäscht man nochmals mit heißem Wasser. Sollte das Öl noch einen Stich ins Grüne haben, was von etwas zurückgebliebenem Chromoxyd herrührt, so kocht man nochmals mit etwas verdünnter Salzsäure auf. Das Öl ist dann rein und kann verarbeitet werden. Das gebleichte Palmöl hat eine schöne weiße Farbe, ist von butterartiger Konsistenz und hat einen schwach veilchenartigen Geruch.

Das Palmöl besteht aus den Glyzeriden der Palmitin- und Oleinsäure. Es hat einen hohen Gehalt an freien Fettsäuren, der schon im frischen Öl bis zu 12 % und in ganz altem bis 100 % steigen kann. Es ist roh und gebleicht sehr leicht verseifbar und verleimt sich mit einer Natronlauge von 15° sehr gut. Das Palmöl gibt Seifen mit einem guten, feinblasigen und nachhaltigen Schaum, es ist überhaupt eines der besten Seifenfette. 100 kg ergeben eine Ausbeute von 162—165 kg Kernseife. Die Verseifungszahl liegt bei 196—207, die Jodzahl bei 51—58, Schmelzpunkt 23—30°, Erstarrungspunkt der abgeschiedenen Fettsäuren 36—46°, das mittlere Molekulargewicht beträgt 270.

2. Palmkernöl. Dieses hervorragende Öl, von den Seifensiedern kurz „Kernöl" genannt, gewinnt man aus den Kernen der unter Palmöl beschriebenen Ölfrüchte. Während also das Palmöl aus dem Fruchtfleisch der Ölpalme gewonnen wird, gewinnt man das Palmkernöl aus den Kernen der Früchte. Das Palmkernöl wird nur in Europa aus den importierten Kernen hergestellt, und zwar in der Hauptsache durch Extraktion. Der Ölgehalt der Kerne schwankt zwischen 35 und 50 %. Das Öl enthält 2 % Capronsäure, 5 % Caprylsäure, 6 % Caprinsäure, 55 % Laurinsäure, 12 % Myristinsäure, 7 % Palmitinsäure und 4 % Stearinsäure. Das Palmkernöl verseift sich mit starken Ätzlaugen von 26—30° Bé und bindet viel Salz, ohne daß sich die Seife dabei trennt. Es ist von weiß-gelblicher Farbe, von angenehmem aromatischem Geruch und Geschmack. Das Palmkernöl ist ein nichttrocknendes Öl.

Seifensiederisch gehört es zu den Leimfetten, Palmkernölseifen lassen sich durch Salzlösungen auf 600—700 % füllen und wird in der Seifenindustrie als ausgesprochenes Kernseifenfett gebraucht. Ferner findet es in der Speisefettfabrikation eine große Verwendung. Es hat einen sehr hohen Glyzeringehalt von 13 % und schmilzt bei 23—30°; der Erstarrungspunkt der abgeschiedenen Fettsäure liegt bei 20—26°, die Verseifungszahl bei 241—250, die Jodzahl bei 10—18 und das mittlere Molekulargewicht beträgt 221.

3. Kokosöl. Das Kokosöl wird aus den Früchten der Kokospalme, den Kokosnüssen, durch Auspressen oder Auskochen gewonnen. Die Kokosnüsse enthalten zunächst eine milchige Flüssigkeit, die sogenannte Kokosmilch, die allmählich mit der Reife der Früchte verschwindet und in einen weichen, eßbaren Kern übergeht. Dieser Kern wird später sehr hart und bildet die Kopra mit 60—70 % Fett. Im Handel unterscheidet man drei Sorten: Cochinöl, Ceylonöl und Kopraöl. Das Cochinöl ist das beste und reinste und findet in der Hauptsache Verwendung zu kaltgerührten Seifen.

Das Kokosöl hat frisch eine reinweiße Farbe, einen milden Geschmack und einen eigentümlichen, nicht unangenehmen Geruch. Es wird aber leicht ranzig und erhält dann einen kratzenden Geschmack. Durch eine mechanische Bearbeitung nimmt es einen streichfähigen Charakter an. Es enthält die Glyzeride der Capron-, Capryl-, Caprin-, Laurin-, Myristin-, Palmitin- und Ölsäure, zeigt 0,4—1.2 % Unverseifbares und gehört zu den nichttrocknenden Ölen. Das Kokosöl findet seine Hauptverwendung in der Speisefettindustrie.

Um ein neutrales Produkt zu erhalten, scheidet man die Fettsäuren in geeigneter Weise aus. Zu diesem Zwecke ermittelt man zuerst mit Hilfe der Säurezahl die Menge Ätznatron, welche prozentual von dem Kokosöl aufgenommen wird. Nunmehr schmilzt man das Öl in einem Kessel und rührt etwas mehr als die berechnete Menge Ätznatron, in Wasser gelöst, zu. Nach etwa einer Viertelstunde gibt man 10 % Kochsalzlösung von 24° Bé zu, krückt durch und läßt erkalten. Die freie Säure verbindet sich mit dem zugesetzten Natriumhydroxyd zu Seife, welche man durch die Kochsalzlösung als Kern ausscheidet. Nach dem Erkalten hebt man den Fettkuchen ab und schmilzt ihn zur Reinigung nochmals auf reinem Wasser um. Fresenius (DRP. 143 946) neutralisiert mit Erdalkalien und erwärmt die Mischung kurze Zeit unter einem Druck von 1—1½ atü. Es findet dadurch eine schnellere und vollständigere Bindung der freien Fettsäuren statt. Durch Filtration wird das neutrale Kokosöl von der unlöslichen Kalzium- oder Magnesiumseife getrennt. Ein Zusatz von Kohle oder Infusorien- oder Fullererde ist dabei von Vorteil. Nach einem anderen Verfahren reinigt man das Öl, indem man zuerst die Bitterstoffe durch Waschen mit verdünnter Schwefelsäure entfernt, darauf einer Behandlung mit schwacher Sodalösung und schließlich mit einer Anreibung von gelöschtem Kalk unterwirft. Um dem Öl Bratengeruch und -geschmack zu verleihen, wird es mit Gewürzen, gerösteten Zwiebeln u. dgl. stehengelassen und danach filtriert. Sowohl zum Weichkneten des Kokosöles wie auch zum Mischen, zum Würzen und zum Färben benutzt man Knet- und Mischmaschinen. Zum Fein- und Glattarbeiten des Kokosfettes, besonders um die darin enthaltenen Klümpchen zu zerdrücken, bedient man sich einer Walzenmaschine. Das auf die eine oder andere Weise gereinigte Kokosöl kommt als Kokosbutter, Pflanzenbutter oder unter den verschiedensten Phantasienamen in den Handel.

In der Seifenfabrikation bildet es ein Leimfett und wird zu Toiletteseifen, Eschweger und Leimseifen verwendet. Wie das Palmkernöl verlangt es sehr starke Laugen bei der Verseifung und ist vollständig nur sehr schwer aussalzbar. Die durch Aussalzen erhaltenen Kernseifen sind sehr spröde und hart, weshalb man das Öl nur in wenigen Prozenten zusetzen darf. Die Seifen aus Kokosöl haben die Eigenschaft, sehr große Mengen Wasser aufzunehmen, ohne an Festigkeit und Aussehen zu leiden. Sie sind leicht löslich in Wasser und schäumen stark. Der Schaum ist aber großblasig und vergeht schnell. Seifen aus reinem Kokosöl werden von empfindlicher Haut, auch wenn die Seifen ganz neutral sind, als scharf empfunden, sie lassen sich mit Salzlösungen sehr hoch füllen. Die Ausbeute kann dabei bis 1200 % betragen.

Der Schmelzpunkt des Kokosöles liegt bei 20—28°, der Erstarrungspunkt der abgeschiedenen Fettsäuren bei 16 bis 23°. Das Kokosöl hat die höchste Verseifungszahl aller Fette mit 254—262, die Jodzahl liegt bei 8—10. Das mittlere Molekulargewicht beträgt 211—217. Es ist ein nichttrocknendes Öl.

4. Dikafett. Unter diesem Namen wird an der Sierra Leona ein Fett aus den Mandeln von Irvingia gabonensis gewonnen. Man verwendet es als Speisefett und in der Kerzenfabrikation. Es ist frisch rein weiß, von mildem Geschmack und kakaoähnlichem Geruch, wird aber nach längerem Liegen gelb und ranzig. Es gehört zu den Leimfetten und ist nichttrocknend. Es schmilzt bei 30—33°, enthält 18,6 % Laurinsäure, 65,5 % Myristinsäure, 10,4 % Ölsäure und erzielt eine Ausbeute an Glyzerin von 13 %. Es ist sehr leicht verseifbar und hat eine Verseifungszahl von 244,5 und eine Jodzahl von 30,9—31,3.

5. Chinesischer Talg. Der chinesische Talg, auch vegetabilischer Talg, Pflanzentalg genannt, wird aus den Früchten des in China heimischen Talgbaumes, Stillingia sebifera, gewonnen. Die Frucht ist eine haselnußgroße, schwarze Kapsel, die drei Samen hat. Die Schale der Samen ist mit einer dicken, harten, talgartigen Schicht überzogen, während der Samenkern ein flüssiges Fett enthält. Die Gewinnung des Fettes erfolgt nach zwei Methoden. Entweder man behandelt die von der Hülse befreiten Samen zunächst mit Wasserdampf, wobei der Talg ausschmilzt und man 20—30 % vom Gewicht der Samen erhält, und kocht nach erfolgter Zerkleinerung noch weiter mit Wasser aus, um auch das Öl zu gewinnen. Oder man zerkleinert gleich die noch mit der Talgschicht bedeckten Samen und kocht Fett und Öl zusammen mit Wasser aus. Das nach der ersten Methode erhaltene Fett ist weiß oder grünlich-weiß, geruchlos, hart, schmilzt bei 40—44,5° und besteht in der Hauptsache aus Palmitin. Das nach dem zweiten Verfahren erhaltene Fett ist eine weißliche oder grauweiße, schwach riechende Masse, die beim Lagern gelb

bis braun wird, schwach sauer reagiert und bei etwa 35° erstarrt. Der chinesische Talg ist den besten tierischen Talgarten zuzuzählen. Er verseift sich gut und gibt sehr harte und im Verbrauch sparsame Seifen, die an die Stearinseifen erinnern. Sein Schmelzpunkt liegt bei 27 bis 31° und der der abgeschiedenen Fettsäuren bei 53 bis 57°, Verseifungszahl 199—210, Jodzahl 28—38.

6. Sheabutter. Die Sheabutter, auch Galambutter, Choorin- oder Phalawarabutter genannt, wird in Indien und an der Westküste von Afrika aus den Samen einer Bassiaart, eines Baumes, der zur Familie der Sapotaceen gehört, gewonnen. Zu diesem Zwecke werden die Samen der Pflanze zunächst geröstet, dann gemahlen und mit Wasser ausgekocht. Das Fett hat eine butterartige Konsistenz und ist grau bis grünlich-weiß, ist von einer eigentümlich zähen und klebrigen Beschaffenheit und besitzt einen besonders aromatischen Geruch. Sie wird schwer ranzig und eignet sich deshalb gut für Speisezwecke. Da die Sheabutter einen gewissen Gehalt an unverseifbarem Wachs hat, eignet sie sich in der Seifenindustrie nur als Zusatzfett. Für sich allein versotten, verleimt sie sich am besten mit Laugen von 10—12° Bé. Der Verband ist allerdings sehr lose und ein kleiner Überschuß an Lauge genügt schon, um ihn wieder vollständig auseinanderzureißen. Bei der Verwendung zu Kernseifen muß man ein weiches Fett, z. B. Pferdefett, mitverwenden, um eine geschmeidige Seife zu erhalten. Bei Harzkernseifen ist sie gut zu gebrauchen, jedoch nicht für gefüllte Seifen.

Die Sheabutter enthält neben 8—12 % freier Fettsäure die Glyzeride der festen Fettsäuren und der Ölsäure sowie eine wachsartige Substanz. 100 Teile Fett ergeben eine Ausbeute von 136 %. Der Erstarrungspunkt der abgeschiedenen Fettsäuren liegt bei 40°, die Verseifungszahl bei 179 bis 192, die Jodzahl bei 56—57. Es ist ein nichttrocknendes Öl.

7. Illipeöl und Bassiaöl. Nach Lewkowitsch[1]) ist das Illipeöl das Fett aus den Samen von Bassia latifolia und das Bassiaöl das Fett aus den Samen von Bassia longifolia. Beide Öle sind gelb, das letztere wird an der Luft leicht gebleicht. Es hat einen bitteren aromatischen Geschmack und einen Geruch, der an Kakaobohnen erinnert. Nach C. Dirks[2]) hat man in der Seifenindustrie mit dem Bassiaöl schlechte Erfahrungen gemacht. Die Seifen fallen in bezug auf Haltbarkeit und Festigkeit nicht zur Zufriedenheit aus. Das Fett enthält bedeutende Mengen an Pflanzenschleimen und anderen Unreinigkeiten, deshalb muß es unbedingt vorgesotten werden. Verarbeitet man nämlich größere Mengen zu abgesetzten Kernseifen, so kann die Ausscheidung so groß sein, daß die Kesselwände und der Boden mit einem dunkelgrünen, zähen und nicht verseifbaren Belag überzogen sind. Dieser Belag ist in kaltem Zustand so zähe, daß er nur mit großer Mühe entfernt werden kann. Eine Füllung vertragen die Seifen mit Bassiaöl nicht, da dadurch der Verband wesentlich gestört wird. Das im Handel vorkommende Öl enthält beträchtliche Mengen freier Fettsäure. Der Hauptbestandteil davon ist die Palmitinsäure.

Der Schmelzpunkt schwankt infolge seines verschieden großen Gehaltes an freien Fettsäuren zwischen 25 und 42°. Die Verseifungszahl der Fettsäuren liegt bei 203, die Jodzahl bei 50—60. Es verseift sich am besten mit Laugen von 20° Bé. Die daraus hergestellten Seifen haben keine große Schaumkraft.

8. Pineytalg. Der Pineytalg, der auch unter dem Namen Pflanzentalg, Malabartalg oder Vateriafett in den Handel kommt, wird aus den Samen eines in Ostindien heimischen Baumes, der Vateria indica L. gewonnen. Die Samen enthalten nahezu 50 % eines grünlich-gelben, im Licht sich schnell bleichenden Fettes, das einen angenehmen, schwach balsamischen Geruch aufweist. Das Fett ist

[1]) Chem. Technologie der Fette, Öle, Wachse. 2. Bd., S. 275 und 277, Braunschweig 1905.

[2]) Seifenfabrikant 1904, S. 249.

sehr leicht verseifbar und gibt mit einer Lauge von 12° Bé einen guten Seifenleim. 100 Teile Fett ergeben eine Ausbeute an Kernseife von 142 %. Infolge seiner grünlichen Farbe eignet es sich nur zu Harzkernseifen. Sein Schmelzpunkt liegt bei 36°, seine Verseifungszahl ist 192. Der Erstarrungspunkt der abgeschiedenen Fettsäuren liegt bei 54,8°.

9. Japanwachs. Das Japanwachs entstammt dem Fruchtfleisch und dem Samen des Wachs- oder Sumachbaumes, Rhus succedanea L. Seine Farbe ist blaugrün bis grünlich-gelb. Es besteht aus Tripalmitin und freier Palmitinsäure. Die Gewinnung geschieht durch Anrösten der Kerne und nachfolgendes heißes Pressen der Samen, welche etwa 25 % Öl enthalten. Im rohen Zustand sieht es hellgrün aus. Gereinigt und gebleicht ist es von gelblicher bis weißer Farbe, muscheligem Bruch und fester, zeresinartiger Beschaffenheit. Es ist kein Wachs im chemischen Sinne, sondern ein echtes Fett, trotzdem fühlt es sich nicht etwa fettig an. Es findet seine Verwendung in der Seifen- und Kerzenfabrikation. Sein Erstarrungspunkt liegt bei 48—53°. Die Verseifungszahl beträgt 217—238, die Jodzahl 5—9.

10. Aprikosenkernöl. Dieses Öl kommt selten in den Handel. Es entstammt den Samenkernen von Prunus armeniaca L. Es wurde früher viel zur Verfälschung von Mandelöl gebraucht. Sein Erstarrungspunkt liegt bei −14 bis −20°, der der abgeschiedenen Fettsäuren bei 0°. Die Verseifungszahl ist 188—196, die Jodzahl 96—108. Sein mittleres Molekulargewicht ist 285. Es ist ein nichttrocknendes Öl.

11. Bucheckernöl. Das Bucheckernöl entstammt den Samen der Buche Fagus silvatica L. Es stellt ein gutes Speiseöl dar mit angenehmem Geschmack und hellgelber, mitunter auch dunkler Farbe. Seine Bestandteile sind die Glyzeride der Stearin-, Palmitin- und Ölsäure. Es dient in der Hauptsache als Speiseöl, weniger als Seifenfett. Sein Erstarrungspunkt liegt bei 17°, der der abgeschiedenen

Fettsäuren bei 17°, die Verseifungszahl beträgt 191—196 und die Jodzahl 104—111.

12. Erdnußöl. Das Öl wird aus der Frucht einer Leguminose, der Erdnuß, Arachis hypogäa, gewonnen, die an der Westküste Afrikas, am Kongo, Senegal, im Innern Afrikas und Ostafrika, in Ostindien, auf Java und Sumatra, in Südeuropa heimisch ist. Die Saat enthält bis zu 50 % Öl. Der Samen wird dreimal gepreßt, wobei bei der ersten Pressung ein feines Speiseöl gewonnen wird. Die zweite und dritte Pressung liefern ein Öl, das hauptsächlich in der Seifenfabrikation verwendet wird. Die dritte Pressung erfolgt unter Erwärmung. Das kaltgepreßte Öl ist farb- und geruchlos, während das warmgepreßte gefärbt ist und einen unangenehmen Geruch aufweist.

Bei der Herstellung von Seife wird das Erdnußöl zu Kern-, Eschweger-, Grund- und Schmierseifen verwendet. Es verseift sich mit Laugen nicht unter 18° Bé. Es ist ein vorzügliches Seifenfett, das keine Ranziditätserscheinungen verursacht. Es läßt sich zu allen Sorten Schmierseifen mit Vorteil gebrauchen, in der Hauptsache zu den Silberseifen, wodurch man eine schöne zarte weiße Farbe erhält. Erdnußöl läßt sich leicht durch seinen Gehalt an Arachinsäure erkennen. Verseift man das Öl, scheidet die Fettsäuren mit Salzsäure ab und löst sie in kochendem Alkohol, so scheiden sich beim Erkalten perlmutterglänzende Kristalle von Arachinsäure ab.

Das Erdnußöl enthält die Glyzeride der Öl-, Linol-, Palmitin-, Stearin-, Hypogäa-, Arachin- und Lignocerinsäure. In technischen Ölen findet man bis zu 10 % freie Fettsäuren. Es ist ein nichttrocknendes Öl, ziemlich dünnflüssig, wird nicht leicht ranzig und erstarrt bei –3 bis –4°. Der Erstarrungspunkt der abgeschiedenen Fettsäuren liegt bei 22—32°, die Verseifungszahl bei 189—197, die Jodzahl bei 86—99. Das mittlere Molekulargewicht beträgt 282.

13. Olivenöl. Das Olivenöl entstammt den Früchten (Oliven) des Ölbaumes, Olea europäa L., der in ganz Südeuropa, wie Spanien, Portugal, Südfrankreich, Italien,

Griechenland, ferner in Marokko und Palästina einheimisch ist. Es ist das am längsten bekannte Öl. Die alten Gewinnungsmethoden waren sehr primitiv und unrationell. Heute arbeitet man mit guten Maschinen und erzielt damit die höchsten Ausbeuten. Durch starke Quetschmaschinen werden die Früchte zunächst gequetscht, wobei die Maschinen so eingestellt werden können, daß nicht nur die Früchte, sondern auch die darin enthaltenen kleinen Kerne mit zerquetscht werden. Der entstehende Brei wird hydraulisch gepreßt. Die Pressen sind so eingerichtet, daß die erste Pressung kalt vor sich gehen kann, während man bei den nachfolgenden Pressungen die Masse erwärmen kann. Die erste kalte Pressung liefert das beste Öl, während die nachfolgenden, zumal wenn man warm arbeitet, mehr oder weniger gefärbtes Öl liefern.

Das Olivenöl dient in der Hauptsache als Speiseöl, ferner als Seifen- und Textilöl für Spezialzwecke. Das reine Öl hat eine hellgelbe bis grünlich-gelbe Farbe und ist von mildem und angenehmem Geschmack. Es löst sich schwer in Alkohol, aber leicht in Äther. Es enthält 70 % Glyzeride der Ölsäure neben einigen Prozenten Linolsäure, 28 % Palmitinsäure neben wenigen Prozenten Stearin- und Arachinsäure. Das Unverseifbare (2 %) ist Phytosterin. Der Erstarrungspunkt liegt bei 6—0°, der der abgeschiedenen Fettsäuren bei 21—25°, die Verseifungszahl bei 189—193, die Jodzahl bei 80—88. Das Öl wird sehr oft verfälscht mit Erdnuß-, Sesam-, Baumwollsaat-, Sojabohnen-, Sonnenblumenöl u. a. Das beste Mittel zur Erkennung der Verfälschungen ist die Jodzahl, da alle gemischten Öle eine höhere Jodzahl aufweisen.

Die Olivenölseifen vertragen sehr wenig Salz und lassen sich schon mit Salzlösungen von 5—8 % vollständig aussalzen.

14. Sulfuröl. Dieses Öl wird aus den Preßrückständen des Olivenöles durch Extraktion mit Schwefelkohlenstoff gewonnen. Die Rückstände des ausgepreßten Olivenbreis, die „Sanza", enthalten immer noch 10—20 %

Öl, das durch weiteres Pressen nicht mehr zu gewinnen ist. Durch die Extraktion werden nun die Rückstände restlos ausgezogen. Dabei werden gleichzeitig Pflanzenschleime und Chlorophyll mit extrahiert, die dem Öle eine grüne bis grünbraune Farbe erteilen. Das Öl ist dickflüssig und enthält bis zu 60 % freie Fettsäuren. Es wird am besten mit Bleicherde gebleicht, wozu es vorgereinigt werden muß, was man durch Filtrieren oder Absetzenlassen erreichen kann. Man bleicht bei 100—105° unter Zusatz von 4 % Bleicherde. Auch dieAnwendung chemischer Bleichmittel wie Kaliumbichromat ist mit Erfolg durchzuführen. Eine Bleichung mit Bisulfit und Zinkstaub zeigt gute Ergebnisse.

Das Sulfuröl hat einen ziemlichen Gehalt an Oxyfettsäuren, Schmutz und Wasser. Infolge seiner verschieden großen Verunreinigungen schwanken die Kennzahlen innerhalb weiter Grenzen. Es wird in der Hauptsache zu Textilseifen verwendet.

15. Kakaobutter. Diese entstammt dem gerösteten und entschälten Samen der Kakaofrucht (Theobroma Cacao) und wird infolge seines hohen Preises nur in der Pharmazie, Kosmetik und Schokoladefabrikation verwendet. Sie besteht aus den Glyzeriden der Stearin-, Palmitin-, Öl- und Arachinsäure. Der Schmelzpunkt liegt bei 30—35°, die Verseifungszahl bei 192—202, die Jodzahl bei 33—38.

16. Rizinusöl. Das Rizinusöl entstammt den Samen von Ricinus communis L., der in Ostindien, Algier, Ägypten, Griechenland, Italien und Amerika angebaut wird. Die Samen enthalten bis zu 60 % Öl. Man gewinnt es ebenfalls durch Auspressen und Auskochen. Das für medizinische Zwecke verwendete Öl wird durch Klären und Filtrieren brauchbar. Man verwendet es in der Medizin als Abführmittel, ferner zur Herstellung von transparenten Toilettenseifen, als Schmiermittel für Flugzeugmotore und zur Herstellung des Türkischrotöles.

Die Samen selbst werden nach DRP. 145 413 der *Vereinigten Chemischen Werke A.-G.* in Charlottenburg wegen des darin enthaltenen fettspaltenden Fermentes zur Hydrolyse der Fette benutzt. Dabei findet aber leicht Laktonbildung statt. Aus diesem Grunde wird Rizinusöl nicht gespalten. Die Samen sind sehr giftig. Der giftige Bestandteil, das Rizin, bleibt in den Preßrückständen zurück. In den Oststaaten werden die Preßrückstände trotz ihrer Giftigkeit gern zum Düngen benutzt, da einerseits die Würmer absterben, andererseits eine Assimilation durch den Boden schnell vonstatten geht. Rizinusöl ist in absolutem Alkohol, Eisessig, Amylalkohol, Äther, Chloroform, Benzol klar mischbar. Es ist unlöslich in Benzin. Auch in Spiritus von 90 % bei einer Temperatur von 25° C löst es sich in jedem Verhältnis klar auf. Schon ein Zusatz von 2 % eines fremden Fettes gibt im Verhältnis 1 : 5 mit Alkohol geschüttelt eine trübe Lösung. Rizinusöl lenkt den polarisierten Lichtstrahl nach rechts.

Bei der Verseifung bilden sich neben Glyzerin die Salze der Rizinolsäure, Rizinsäure und Rizinsterarinsäure. Auf 280° C erhitzt, zersetzt es sich unter Bildung von Önanthol, Önanthsäure und Akrolein. Zum Nachweis von Rizinusöl mischt man dasselbe mit Sand und destilliert das Önanthol, welches einen charakteristischen Geruch besitzt, auf dem Sandbade ab.

Unter Florizin versteht man im Handel ein Produkt, welches durch rasches Erhitzen von Rizinusöl auf 300° C gewonnen wird.

Dabei entweichen ca. 5 % von bei der angegebenen Temperatur flüchtigen Körpern, und es bleibt ein zähflüssiger Rückstand, welcher gerade die entgegengesetzten Eigenschaften des Rizinusöls aufweist. Das neue Produkt ist nach der Patentschrift 104 499 bei gewöhnlicher Temperatur in jedem Verhältnis mischbar mit Mineralöl und nimmt demgemäß auch beliebige Mengen Zeresin und Vaselin auf. Es mischt sich aber weder mit 90%igem noch mit absolutem Alkohol und vermag ähnlich dem Wollfett Wasser in beträchtlichen Mengen aufzunehmen und festzuhalten, selbst bei Anwesenheit von Mineralöl. Das Produkt ist daher besonders geeignet zur Herstellung viskoser Schmieröle wie auch als Salbengrundlage für medizinische und kosmetische Zwecke. Nach den wissenschaftlichen Untersuchungen besteht Florizin aus Triundezylensäureanhydrid.

Bei der Einwirkung von konzentrierter Schwefelsäure auf Rizinusöl entstehen mannigfache Veränderungen. Das Produkt dieser Behandlung ist unter dem Namen Türkischrotöl im Handel.

In einem mit Blei ausgeschlagenen Bottich läßt man im dünnen Strahl allmählich 20—25 % konzentrierte Schwefelsäure zufließen, wobei die Temperatur 35° C nicht überschreiten soll. Nachdem die Schwefelsäure vollständig zugegeben ist, krückt man noch etwa 1/2 Stunde kräftig durch und überläßt alsdann die Masse während der Nacht der Ruhe. Am anderen Morgen läßt man 3/4 Teile Wasser von 40° C zu, krückt kräftig um und läßt absetzen. Nach Verlauf von etwa 6 Stunden hat sich das Öl vom Wasser getrennt, welches nun wieder abgelassen werden kann. Das Waschen mit Wasser bezweckt, die überschüssige Schwefelsäure zu beseitigen. Zur Entfernung der letzten Reste von Säure wird das Öl mit einer etwa 15%igen Kochsalz- oder Glaubersalzlösung so oft, mindestens aber zweimal, gewaschen, bis das abfließende Wasser auf blaues Lackmuspapier nur noch ganz schwach sauer reagiert. Zu dem gewaschenen Produkt setzt man nun etwa 1/10 Ammoniak von 25 % und die Hälfte Wasser (beides gerechnet auf den Fettansatz) oder so viel Natronlauge von 2° Bé zu, bis eine Probe sich in Wasser klar löst. Die Menge des anzuwendenden Alkalis ist an einer gemessenen Menge zu ermitteln. Ein Überschuß an Alkali ist zu vermeiden, um eine Verseifung zu verhüten. Das fertige Produkt soll sauer reagieren, von dicköliger Beschaffenheit sein und eine gelbe bis gelbbraune Farbe besitzen.

Türkischrotöle sind nach den Lieferbedingungen Erzeugnisse, welche aus Rizinusöl oder Olivenöl bzw. deren Fettsäuren oder Gemischen dieser Öle bzw. Fettsäuren durch Behandlung mit Schwefelsäure (Sulfonierung) hergestellt worden sind. Das Produkt setzt sich zusammen aus Neutralfett, Fettsäuren und deren Alkali- oder Ammoniumseifen und esterartigen Verbindungen. Der Fettsäuregehalt des Sulfonates beträgt durchschnittlich 74 %. Ein solches Sulfonat wird als „Türkischrotöl 100 % handelsüblich" bezeichnet. Türkischrotöle aus Rizinusöl erster Pressung sind hellgelbe bis gelblichbraune, ölige Flüssigkeiten. Aus Rizinusöl zweiter Pressung erhält man gelbgrüne bis braune Produkte. Die aus Olivenöl hergestellten Türkischrotöle sind dunkler als die aus Rizinusöl.

Bei der Einwirkung von Schwefelsäure auf Rizinusöl werden nach Bogajewsky drei Phasen unterschieden: Zu Beginn der Einwirkung findet eine Umesterung unter Bildung freier Rizinolsäure im Sinne der Gleichung statt:

$$\underset{\text{Rizinolsäureglyzerid}}{(C_{17}H_{32}OHCOO)_3C_3H_5} + SO_2{<}^{OH}_{OH} =$$

$$= \underset{\text{Rizonolsäure}}{C_{17}H_{32}OHCOOH} + \underset{\text{Schwefelsäure-Diglyzerid}}{\begin{matrix}(C_{17}H_{32}OHCOO)_2\\ OSO_2OH\end{matrix}{>}C_3H_5}$$

Weiterhin aber treten Sulfogruppen an die Stelle der H-Atome in den Hydroxylgruppen

$$\begin{matrix}(C_{17}H_{32}OHCOO)_2\\ OSO_2OH\end{matrix}{>}C_3H_5 + 2\,SO_2{<}^{OH}_{OH} =$$

$$= \begin{matrix}(C_{17}H_{32}OSO_2OHCOO)_2\\ OSO_2OH\end{matrix}{>}C_3H_5 + 2\,H_2O\,.$$

In der 3. Phase bilden sich, wie Juillard nachgewiesen, Polyrizinolsäuren. In der Praxis soll der Vorgang möglichst nur im Sinne der 1. Gleichung vor sich gehen. Das Handelsprodukt ist ein Gemenge der Alkalisalze der Mono- und Polyrizinolsäure, der Dioxystearinsäure sowie deren Schwefelsäureestern und Anhydriden dieser Säuren.

Bei 11 atü Druck und 112—114° C läßt sich Rizinusöl in 1½ Stunden völlig hydrogenisieren. Das Produkt zeigt einen Schmelzpunkt von 86° C und eine J.Z. von 2. Die Rizinusölsäure geht in Oxystearinsäure über. Die Dehydratation führt je nach den Arbeitsbedingungen, insbesondere des Katalysators, z. B. Bleicherde oder Säureanhydride, zu Präparaten wie Dienol (Firma H. Münzel), Trienol, Synourinol (Ölwerke Novry und van der Lande). Diese Öle haben eine besondere Bedeutung für die Lackindustrie.

Als Rizinusölersatz für Flugmotore dienen die sogenannten Voltolöle. Man stellt diese aus Tranen oder Rüböl durch Glimmentladung im Vakuum mit 8—10 Kilowatt her.

Das Rizinusöl ist farblos bis schwach gelblich, von mildem, hinterher kratzendem Geschmack und schwachem Geruch. Es ist sehr dickflüssig und verdickt sich an der Luft. Jedoch trocknet es auch in dünnen Schichten niemals ganz ein. Es besteht in der Hauptsache aus den Glyzeriden der Rizinolsäure. Es ist mit starkem Alkohol in jedem Verhältnis mischbar und ist in Petroläther unlöslich. Für die Güte des Rizinusöls ist das helle Aussehen und der Geruch maßgebend. Reines Öl wird schwer ranzig. Beim Verseifen verhält es sich ähnlich dem Kokosöl, indem es sich durch einfaches Zusammenrühren mit starker Natronlauge verseifen läßt. Diese Seife ist sehr weiß und durchscheinend und zeigt große Härte. Sie bindet viel Salz.

Seinen scharfen Geschmack verdankt es einem eigenen Harz. Sein Erstarrungspunkt liegt bei -10 bis $-18°$, der der abgeschiedenen Fettsäuren bei 2—3°. Die Verseifungszahl ist 176—183 und die Jodzahl 82—88. Infolge seiner niedrigen Verseifungszahl ist auch die Ausbeute an Kernseife niedrig. Das mittlere Molekulargewicht beträgt 290 bis 300.

17. Mandelöl. Die Früchte des gemeinen Mandelbaumes, Amygdalus communis, die in zwei Sorten, den süßen und bitteren Mandeln, anfallen, liefern das Mandelöl. Man gewinnt es hauptsächlich auf kaltem Wege oder höchstens durch ganz gelindes Erwärmen. Es gibt zwei Arten, die bitteren, welche etwa 45 % Öl enthalten, und die süßen Mandeln, welche einen Gehalt von etwa 55 % Öl aufweisen. Die süßen Mandeln enthalten ein Ferment, genannt Emulsin, die bitteren neben dem Ferment auch noch das Glykosid Amygdalin. Beim Anreiben der bitteren Mandeln mit Wasser wirkt das Emulsin auf das Amygdalin unter Bildung von Glykose und Benzaldehydzyanwasserstoff zersetzend ein.

$$\underset{\text{Amygdalin}}{C_{20}H_{27}NO_{11}} + \underset{\text{Wasser}}{2\,H_2O} = \underset{\text{Glykose}}{2\,C_6H_{12}O_6} + \underset{\text{Benzaldehydzyanwasserstoff.}}{C_6H_5C\begin{cases}OH\\H\\CN\end{cases}}$$

Der Benzaldehydzyanwasserstoff besitzt den charakteristischen Geruch nach bitteren Mandeln, ist aber stark giftig. Das im Handel zum Parfümieren benutzte Bittermandelöl ist durch Abscheidung des Zyanwasserstoffes entgiftet. Das frisch ausgepreßte Öl muß sehr schnell raffiniert werden, da es sonst sehr rasch ranzig wird. Die Früchte ergeben 30—50 % Öl. Es ist ein nichttrocknendes Öl, das in Apotheken und in der Parfümerie verwendet wird, stellt außerdem ein ausgezeichnetes Speiseöl dar, enthält in der Hauptsache Glyzeride der Öl- und Leinölsäure, ist farblos und zeigt einen Erstarrungspunkt bei – 10 bis – 15°, der der abgeschiedenen Fettsäuren liegt bei 5—10°. Die Verseifungszahl ist 183—196, die Jodzahl 93—102. Das mittlere Molekulargewicht beträgt 278—280.

18. Haselnußöl. Das Haselnußöl entstammt den Samen von Corylus avellana L. Es ist ein hellgefärbtes Öl, das leicht ranzig wird und das in der Parfümerie und als Speiseöl Verwendung findet. Sein Erstarrungspunkt liegt bei – 17 bis – 20°, der der abgeschiedenen Fettsäuren bei 15—20°. Die Verseifungszahl ist 187—197, die Jodzahl 83 bis 90. Das mittlere Molekulargewicht beträgt 279.

19. Pflaumenkernöl. Dieses Öl entstammt den Steinkernen der Pflaume. Es ist von hellgelber Farbe, stellt ein vorzügliches Speiseöl dar und steht an der Grenze zwischen trocknenden und halbtrocknenden Ölen. Seine Verseifungszahl liegt bei 188—198, die Jodzahl beträgt 103 bis 121.

20. Chaulmugraöl. Chaulmugraöl wird durch Pressen oder Extrahieren der Samen von Taraktogenos Kurzii King, Familie der Flakourtiazeen, gewonnen. Die Pflanze ist in Binuan einheimisch. Die Samen enthalten 30—40 % eines hellgelben Öles, das frisch fast geruch- und geschmacklos ist. In Tonking und Siam wird es zur Heilung von Lepra und anderen Hautkrankheiten benutzt. Die Äthylester der Fettsäuren des Öles kommen als „Antileprol“ in den Handel. In dieser Form können dem Organismus größere Mengen zugeführt werden, um den leprösen

Krankheitsprozeß zu beeinflussen. Außer Palmitinsäure und Oxyfettsäuren enthält das Öl Ester von Säuren, welchen die allgemeine Formel $C_nH_{2n-4}O_2$ zukommt, unterscheiden sich aber von allen anderen Fettsäuren durch die Strukturformel, welcher ein Fünfring zugrunde liegt.

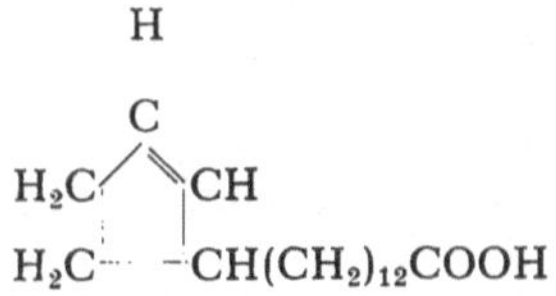
Chaulmugrasäure
$C_{18}H_{32}O_2$

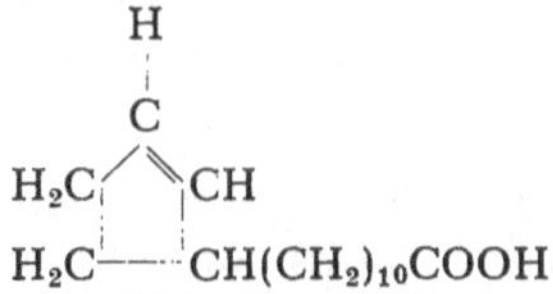
Hydnocarpussäure
$C_{16}H_{28}O_2$

Das Öl ist stark rechtsdrehend. Die Wirksamkeit des Chaulmugraöles geht mit dem Alter zurück.

Die Hydnocarpussäure findet sich auch in dem Öl aus den Samen von Hydnocarpus Wightiana Blume, einheimisch in Westindien und China, sowie im Öl der Samen von Hydnocarpus anthelmintica Pierre, einheimisch in Siam.

21. Gynokardiaöl. Gynokardiaöl wird aus den Samen von Gynokardia odorata durch Pressen gewonnen. Der bis zu 25 m hohe Baum wächst in China, Ostindien sowie auf der Halbinsel Malakka. Der Samenkern enthält 60—65 % Fett. Das Öl ist bei gewöhnlicher Temperatur fest, von weißer Farbe und eigenartigem Geruch nach „Vogelleim". Bestandteile sind vor allem die Ester der Laurin-, Palmitin-, Stearin- und Ölsäure. In der sonstigen Zusammensetzung steht es dem Chaulmugraöl nahe und wird wie dieses medizinisch bei Lepra, Elephantiasis und auch Syphilis gebraucht.

22. Reisöl. Aus den Reiskeimen und der Reiskleie gewinnt man durch Extraktion mit Benzin ein Öl von grünlich-brauner Farbe mit dem Geruch nach Reismehl. Reis, Orzya sativa, Familie der Gramineen, ist einheimisch in Ostindien, wird aber auch im südlichen Europa kultiviert. Im Sommer ist das Öl flüssig mit weißem Bodensatz, im

Winter ist es von mehr schmalzartiger Beschaffenheit. Der Ölgehalt der Keime beträgt bis zu 20 %. Da aber Reis ähnlich wie Rizinussamen ein fettspaltendes Ferment, die Lipase, enthält, so ist das Öl stets reich an Fettsäuren. Zu Speisezwecken und als Schmieröl kann es daher nicht verwandt werden. Es enthält etwa 25—40 % Glyzeride von festen und 45—60 % von flüssigen Fettsäuren.

23. Babassufett. Babassufett ist erstmalig nach dem ersten Weltkrieg von Südamerika nach Deutschland eingeführt worden. Es wird aus den Kernen der Babassunüsse, den Früchten einer Palmenart, gewonnen. Diese Palmen sind in den dem Amazonenstrom anliegenden Gegenden Brasiliens von den Mato Grosso bis nach Bolivien zu beheimatet. Auffallend ist, daß in botanischen Werken diese Palmenart so gut wie nicht beschrieben ist. Dagegen erfahren die den Babassupalmen nahestehenden Piassavapalmen als der Gattung Attalea aus der Familie der Palmen angehörig eingehendere Beschreibung. Es sind 6 bis 9 m hohe Palmen mit Blättern, welche eine Länge von 6 m erreichen können. Die Blätter liefern die sehr wertvolle, über 1 m lange Piassavafaser. Von den Eingeborenen werden diese Fasern zur Herstellung von Tauen, Matten, Bürsten u. dgl. benutzt. Piassavabesen sind auch bei uns vielfach in Gebrauch. Die Nüsse, welche ölhaltig sind, werden als „kleine“ oder „Lissaboner Kokosnüsse“ gehandelt.

Die Babassunüsse werden je nach Herkunft verschieden benannt und führen z. B. folgende Bezeichnungen: Coco de maccaco, coco de palmeira, coco de rosario, aguaco, guaco, baguaco, guaguaco, buassu, babassu. Eine Statistik über die Ausfuhr aus Brasilien faßt bis zum Jahre 1917 Babassu- und Piassavanüsse zusammen. Erst von diesem Jahre an werden beide getrennt angegeben.

Die Blütenstände der Babassupalme tragen 200—600 Früchte. Das Gewicht der Nüsse wird zu 140—250 g angegeben, das der Kerne beträgt etwa 3 g.

Das Äußere der Kerne ist von dunkelbrauner Farbe, mit zahlreichen Adern von hellerer Farbe durchzogen, welche sowohl der Länge wie auch der Breite nach verlaufen. Dadurch sieht die Oberfläche marmoriert aus. Die Kerne sind länglich, beiderseits verjüngt. Die Länge kann 4 cm erreichen, der Durchmesser an der breitesten Stelle beträgt etwa 2 cm. Die Kerne sind dreiseitig, mit einer abgeplatteten Seite. Das Innere sieht opak aus. Die Kerne sind sehr hart und fest und kommen zum größten Teil havariert in den Handel. Im Äußeren zeigen die Kerne eine gewisse Ähnlichkeit mit der bekannten Paranuß. Das Fett ist von gelblicher Farbe, weicher Beschaffenheit und schwach butterartigem Geruch. Bei 20° C ist es noch flüssig.

Die wichtigsten Kennzahlen des Babassufettes im Mittel sind:

Verseifungszahl	254—250
Jodzahl	15—17
Reichert-Meißl-Zahl . . .	6—7
Polenskezahl	10—11
Schmelzpunkt der Fettsäure	23—24° C
Refraktion bei 40° C . . .	34—35 Skalenteile.

Besonders im Hinblick auf die Polenskezahl steht das Babassufett dem Palmkernöl nahe.

Auf Grund der J.Z. und der R.M.Z. berechnet sich die Zusammensetzung:

Gesättigte Fettsäuren . .	85,34 %
Ölsäure	11,89 %
Linolsäure	2,77 %.

Das Babassufett kann für die Fabrikation kaltgerührter Seifen ohne Bedenken herangezogen werden. Es wird hierfür wie Kokosöl behandelt, und es soll die S.Z. die auch für Kokosöl zulässige Grenzzahl von etwa 5—3 % freie Säure, berechnet als Ölsäure, nicht übersteigen. Bei höherem Gehalt an freier Säure erfolgt in bekannter Weise die Abscheidung derselben durch Raffination mit Natronlauge.

Die nach dem Auspressen der Kerne verbleibenden Babassukuchen sind, wie auch die Kokosnuß- und Palmkernkuchen, als Futtermittel geschätzt.

Die Zusammensetzung der Babassukuchen wird wie folgt angegeben:

Wasser . . .	15,59 %
Öl	6,50 %
Eiweiß . . .	19,81 %
Kohlehydrate .	40,00 %
Rohfaser . . .	16,50 %
Asche	5,60 %.

Diese Zahlen weichen übrigens von den für Kokosnußkuchen und Palmkernkuchen in der Literatur angegebenen Zahlen nur wenig ab.

24. Myrikawachs. Die Beeren einiger Myrikaarten Nordamerikas, Familie der Juglandazeen, liefern durch Auskochen das durch Chlorophyll grün gefärbte Myrikawachs. Wie Japanwachs ist Myrikawachs ein echtes Fett und besteht hauptsächlich aus dem Ester der Palmitinsäure.

25. Roßkastanienöl. Die reifen Früchte der Roßkastanie, Aesculus Hippocastanum L., Familie der Hippokastanaceen, aus denen von der Chemischen Fabrik *Adolf Klinge*, Berlin, das Präparat Venostasin hergestellt wird, enthalten etwa 5 % eines fetten Öles neben Saponin, Aescin, Aesculetin (Bitterstoffe und Glykoside) und viel Stärke. Industriell wird das Öl nicht hergestellt. Es kann durch Extraktion mit Fettlösungsmitteln oder durch Auskochen mit schwach schwefelsäurehaltigem Wasser gewonnen werden. Das Öl ist von rübölartiger Farbe und besitzt einen bitteren Geschmack und charakteristischen Geruch. Als Speiseöl ist das Öl auch nach der Raffination nicht zu gebrauchen. Nach Hefter wird das Öl nur schwer ranzig, enthält also Antioxydantien. In der Volksheilkunde wird es als Mittel gegen Rheumatismus geschätzt. V.Z. 190, S.Z. 10,4, J.Z. 80, spez. Gew. bei 15° C 0,927, Brechungsindex bei 20° C 1,473.

b) Halbtrocknende Pflanzenöle

1. Baumwollsaatöl. Das Baumwollsaatöl, auch kurz Kottonöl genannt, gewinnt man aus den Samen der Baumwollstauden, Gossypium herbaceum. Die Pflanze ist

in Ägypten und Ostindien beheimatet, wird aber auch im tropischen Amerika und in den Südstaaten Nordamerikas angebaut. Bei der Gewinnung des Öles wird die Baumwolle durch Maschinen entkernt und die Kerne, da sie mit feinen Wollfäserchen bedeckt sind, geschält. Das Öl selbst wird dann durch Pressen gewonnen. Das rohe Öl ist, je nach Alter und Herkunft der Samen, rötlich bis schwarz gefärbt und muß zur weiteren Verwendung raffiniert werden. Die Raffination wird meist mit verdünnter Natronlauge durchgeführt. Die dabei entstehende Seife reißt den Farbstoff mit sich und setzt sich als „Soapstock" am Boden ab. Man bleicht das Rohöl jedoch auch mit Bichromat. Das so gewonnene Öl ist von hellgelber Farbe und dickflüssig. Das raffinierte Öl wird zur Seifenfabrikation und als Speiseöl verwendet und verseift sich allein mit stärkeren Laugen nur sehr schwer, dagegen leicht in Verbindung mit anderen Fetten. Es wurde früher viel für weiße Kernseifen benutzt. Hierfür eignet es sich jedoch in keiner Weise, da alle Kernseifen, die mit Kottonöl hergestellt sind, mit der Zeit gelbe Flecken bekommen, die der Anfang einer Ranziditätserscheinung sind. Man hat für weiße Kernseifen viel bessere Fette, so daß man das Baumwollsaatöl besser nur für Schmierseifen verwendet, bei denen diese Erscheinung nicht zutage tritt.

Die Eigenschaft des Kottonöles, einige Grade über 0° Palmitin auszuscheiden, hat man dazu benutzt, um ein Öl zu gewinnen, das weniger feste Anteile hat und sich gut eignet, andere teure Öle zu verschneiden. Das abgeschiedene feste Fett kommt mit schmalzartiger Konsistenz als Baumwollenstearin oder Kottonstearin in den Handel. Es wird als Zusatzfett in der Speisefettindustrie verwendet und reagiert nach der Methode von Halphen positiv.

Das Baumwollsaatöl hat einen Erstarrungspunkt bei −2 bis −4°, der der abgeschiedenen Fettsäuren liegt bei 32 bis 38°, die Verseifungszahl ist 191—198, die Jodzahl 101 bis 117. Sein mittleres Molekulargewicht beträgt 275—289. Es zeigt die Reaktion nach Halphen und ist ein halbtrocknendes Öl.

2. Getreidekeimöl. Es kann aus den Keimen von Roggen und Weizen durch Extraktion gewonnen werden. Die Keime enthalten etwa 12 % Öl. Es ist ein halbtrocknendes Öl von dunkelbrauner und nach der Raffination von gelber Farbe. Es enthält 2—2,5 % Unverseifbares, ferner auch Oxyfettsäuren. Seine Verseifungszahl liegt bei 182 bis 190, die Jodzahl ist 115.

3. Obstkernöl. Das Öl wird fabrikmäßig aus den Steinobstkernen von Pflaumen, Zwetschen, Reineclauden, Kirschen, Pfirsichen und Aprikosen gewonnen. Frisch gepreßte Öle enthalten Spuren von Benzaldehyd und Blausäure, was jedoch für die Ernährung unwichtig ist. Durch Behandlung mit Wasserdampf können diese Beimengungen beseitigt werden. Die Öle zählen zu den trocknenden und halbtrocknenden Ölen. Ihre Verseifungszahlen liegen bei etwa 188—196, die Jodzahl bei 103—121.

4. Leindotteröl. Das Leindotteröl, auch kurz Dotteröl genannt, entstammt den Samen des Leindotters, Camelia sativa, und wird sehr wenig gebaut. Die Produktion ist deshalb auch sehr gering, und das Öl hat keine Bedeutung. Es dient als Speiseöl. In der Seifenfabrikation hat man es für Schmierseifen an Stelle von Leinöl verwendet. Die Seifen sind zwar sehr kältebeständig, aber im Sommer schmelzen die daraus hergestellten Seifen schon unter 20°. Deshalb ist im allgemeinen von dem Öle abzuraten.

Das Dotteröl ist goldgelb, schwach trocknend und hat einen schwachen, aber eigentümlichen Geschmack. Es besteht aus den Glyzeriden der Öl-, Palmitin-, Eruca- und Linolsäure. Sein Erstarrungspunkt liegt bei – 17 bis – 18°, der der abgeschiedenen Fettsäuren bei 13—14°. Seine Verseifungszahl ist 188 und die Jodzahl 133—135, sein mittleres Molekulargewicht beträgt 291.

5. Maisöl. In den Fabriken, die Mais, Zea mays, auf Stärke und Spiritus verarbeiten, wird das Maisöl aus den Keimen der Samen dieser Pflanze gewonnen. Die Keime werden, weil sie die Haltbarkeit des Maismehles beeinträchtigen würden, vor der Vermahlung auf besonderen

Maschinen abgestoßen, und das Öl wird aus ihnen durch Auspressen oder Extraktion gewonnen. Das Öl muß nach dem Pressen sofort von den Pflanzenresten gereinigt werden, sonst wird das Öl durch die eintretende Gärung dunkel gefärbt und muß durch Bleicherde oder Chemikalien wieder gebleicht werden. Maisöl kann auch gehärtet und dann als talgartiges Fett in der Speisefettindustrie verwendet werden. Es ist leicht verseifbar und wird am besten zu Schmierseife verarbeitet. Auch dient es zur Faktisbereitung.

Zum Nachweis der Identität löst man einige Tropfen Maisöl in Schwefelkohlenstoff auf und setzt einen Tropfen konzentrierte Schwefelsäure zu. Innerhalb von 24 Stunden tritt eine violette Färbung ein.

Das Maisöl enthält Glyzeride der Linol- und Ölsäure und 1,5 % Unverseifbares. Es ist ein schwach trocknendes Öl von dunkelgelber bis rotgelber Farbe, raffiniert hellgelb, ist zähflüssig und von angenehmem Geruch. Es hat einen Erstarrungspunkt bei -10 bis $-15°$, eine Verseifungszahl von 188—189 und eine Jodzahl von 119.

6. Rüböl. Das Rüböl, Raps- oder Rübsenöl, wird aus den Samen von Brassica campestris annua oder oleifera (Sommer- und Winterrübsen) und Brassica napus annua oder oleifera (Sommer- und Winterraps) gewonnen. Die Samen enthalten 32—45 % Öl, das aus den Glyzeriden der Palmitin-, Stearin-, Arachin-, Behen-, Öl-, Linol-, Linolen-, Eicosen- und Erucasäure besteht. Man gewinnt es durch Pressen und Extraktion. Frisch geschlagen dient es zu Speisezwecken, sonst als Brenn- und Schmieröl. Für die Seifenfabrikation ist es ungeeignet, da seine Natronseifen krümelig sind und die Schmierseifen leicht auseinander gehen. Zu Faktis und geblasenen Ölen ist es gut verwendbar. Das Rüböl ist je nach Reinheit hellgelb bis braunrot und ein halbtrocknendes Öl. Charakteristisch ist sein hoher Gehalt an Erucasäure. Es läßt sich gut härten und kommt dann als talgartiges Fett in die Speisefettindustrie.

Das „geblasene“ oder oxydierte Rüböl erhält man durch Erhitzen des Öles auf etwa 70° C unter gleichzeitiger Einwirkung von Luft, d. h. Sauerstoff. Das Erhitzen wird so lange fortgesetzt, bis das spez. Gew. des Öles auf etwa 0,97, das des Rizinusöles, gestiegen ist. Die Verseifungsfähigkeit dieses Öles ist größer und der Flammpunkt wird erhöht. Da ferner das so behandelte Öl leicht löslich in Benzin und Mineralöl ist, wird es auch als „lösliches Rizinusöl“ gehandelt.

Kalt gepreßtes Rüböl findet in Bäckereien unter der Bezeichnung „Backöl“ Verwendung. In Württemberg nennt man das durch Pressen der Samen der Weinrebe, Vitis vinifera, gewonnene Öl „Backöl“. Zur Seifenfabrikation ist Rüböl weniger geeignet, da die Ausbeute schlecht und die Seife krümelig ist. Eine ausgedehnte Verwendung findet Rüböl zur Herstellung von Faktis. Durch Erhitzen mit Schwefel erhält man braune Faktis, durch Auflösen des Öles in Schwefelkohlenstoff und Zugabe von etwa 1 % Chlorschwefel weiße Faktis.

Rüböl wird mit Leinöl, Hanföl, Mohnöl, Leindotteröl, Hederichöl, Baumwollsamenöl, Tran, Harzöl und Mineralöl verfälscht. Zur Prüfung auf Reinheit sind die Kennzahlen des Öles zu ermitteln, und zwar in erster Linie das spez. Gew., die V.Z., die J.Z. und der Schmelzpunkt der Fettsäuren. Ferner ist die Ermittlung des Unverseifbaren und das Verhalten zu gewissen Lösungsmitteln von Wichtigkeit. Das spez. Gew. eines Rüböles schwankt bei 150° C zwischen 0,9112 und 0,9175. Durch Zusätze anderer Glyceride, mit Ausnahme der Kruziferenöle, wird das spez. Gew. nach den Untersuchungen von Allen erhöht. Die höchste beobachtete V.Z. des Rüböles ist 179, die höchste J.Z. 105. Verfälschungen mit Mohnöl (V.Z. 195, J.Z. 135), Hanföl (V.Z. 195, J.Z. 143) und Leinöl (V.Z. 190—195, J.Z. bis 180) würden sowohl V.Z. wie J.Z. beeinflussen. Das gleiche gilt für Tran und Fischöl, Öle, welche auch durch die Oktobromidreaktion nachgewiesen werden können. Der Schmelzpunkt der Fettsäuren liegt bei 18—19° C. Die Beimengung von Kottonöl erhöht diesen Schmelzpunkt. Verfälschungen mit Mineralöl können leicht durch Ermittlung des „Unverseifbaren" quantitativ bestimmt werden. Reines Rüböl ist ferner nach den Untersuchungen von V a l e n t a in Eisessig von spez. Gew. 1,0562 bei Siedetemperatur nur unvollkommen löslich, während die anderen Öle entweder bereits in der Kälte oder bei Temperaturen von 23° C bis zum Siedepunkt in Lösung gehen. G i r a r d hat festgestellt, daß bei 15° C in 1000 g absoluten Alkohols nur 15 g Rapsöl löslich sind, während z. B. an Sesamöl 41 g, Mohnöl 47 g, Hanföl 53 g, Kottonöl 64 g und Leinöl 70 g gelöst werden.

Rüböl-Voltol als Rizinusersatz entsteht unter der Einwirkung der dunklen elektrischen Entladung. Dadurch sinkt die J.Z. auf 52, Viskosität bei 100° ist 83,6.

Sein Erstarrungspunkt liegt bei – 2 bis – 10°, der der abgeschiedenen Fettsäuren bei 12°. Die Verseifungszahl ist 168—179, die Jodzahl 94—106. Infolge seiner niedrigen Verseifungszahl ergibt das Rüböl eine niedrige Ausbeute an Kernseife.

7. S e s a m ö l. Das Sesamöl wird aus den Samen von Sesamum orientale L., einer seit den ältesten Zeiten im Orient kultivierten Pflanze, gewonnen. Der Ölgehalt des Sesam schwankt zwischen 40 und 48 %. Das Öl wird auf die bekannte, mehrfach beschriebene Weise gewonnen. Kalt gepreßt erhält man 34—36 % hellgelbes Öl, welches im frischen Zustande einen scharfen, im abgelagerten aber einen angenehmen milden Geschmack hat. Das Warmpressen ergibt eine Ausbeute von 48 %. Die besten Sorten des Öles dienen zur Fälschung des Olivenöles. Zur Herstellung von Seife dienen nur die Nachschlagöle, und zwar vornehmlich für Schmierseife. Das Sesamöl verseift sich leicht.

Das Öl ist von hellgelber Farbe, fast geruchlos und halbtrocknend. Es besteht aus 15 % Glyzeriden der Stearin- und Palmitinsäure, 60 % der Ölsäure und 25 % der Linolsäure, hat 1,3 % Unverseifbares und gibt die Reaktion nach Soltsien, wodurch es leicht zu erkennen ist. Es ist ziemlich dickflüssig, erstarrt bei – 3 bis – 5°. Der Erstarrungspunkt der abgeschiedenen Fettsäuren liegt bei 20—24°, die Verseifungszahl ist 187—193 und die Jodzahl 103—112.

8. Sojabohnenöl. Das Sojabohnenöl gewinnt man aus den Bohnen der Soja hispida, einer Leguminose, deren Haupterzeugungsland die Mandschurei ist. Es besteht aus den Glyzeriden der Öl-, Linol- und Linolensäure sowie wenig Palmitinsäure. Die ungesättigten Fettsäuren machen etwa 80 % aus. Das Sojabohnenöl ist ein halbtrocknendes Öl von gelblicher bis gelblichbrauner Farbe. Der Geschmack ähnelt dem des Olivenöls. Es ist ein ausgezeichnetes Speiseöl. In der Seifenfabrikation ist es ein vorzügliches Öl zur Herstellung von Schmierseifen und eignet sich sowohl für glatte als auch für gekörnte Seifen.

Die Sojabohne charakterisiert sich ferner durch einen hohen Gehalt an Eiweißstoffen. Die Chinesen und Japaner essen die Pflanze daher als Ersatz für Fleisch. Man hat versucht, den hohen Eiweißgehalt der Bohnen zur Herstellung von Nährpräparaten auszunützen. Der verhältnismäßig geringe Gehalt an Kohlehydraten läßt das Sojabohnenmehl besonders geeignet als Nährpräparat für Diabetiker erscheinen. Die Gewinnung des Öles erfolgt in China mit Hilfe von kollergangähnlichen Vorrichtungen, welche von Mauleseln angetrieben werden. Die zerkleinerten Bohnen werden in Säcke gepackt, durch die Dämpfe siedenden Wassers erwärmt und gepreßt. Durch Lagern wird das Öl geklärt. In den chinesischen Mühlen wird das Öl in Körbe mit engem Hals verpackt, die im Innern mit undurchlässigem Papier ausgelegt sind. Diese Verpackung ist natürlich wenig zweckmäßig, da sich viel Leckage ergibt und sich für den Versand auf Schiffen nicht eignet. In den Hauptausfuhrhäfen Dalny, Wladiwostok und Hankow sind Tanks zum Aufbewahren des Öles vorhanden.

Die entfetteten Rückstände, die Ölkuchen, liefern nicht nur ein ausgezeichnetes Viehfutter, sondern eignen sich auch in hervorragendem Maße als Düngemittel. Die Kuchen enthalten etwa 6½ % Stickstoff, viel Phosphate und Kali.

Der Erstarrungspunkt des Sojabohnenöles liegt bei −8 bis −16°, der der abgeschiedenen Fettsäuren bei 16—24°. Seine Verseifungszahl ist 191—194 und seine Jodzahl 130 bis 135.

9. Traubenkernöl. Aus den Samenkernen des Weinstocks, Vitis vinufera L., kann man ein ganz vorzügliches Öl gewinnen. Nach Hefter[1]) fallen auf 600 bis 700 Liter Wein 30 kg Traubenkerne an, aus denen 4 kg Öl zu gewinnen ist. Die Traubenkerne bilden somit eine wichtige Rohstoffquelle für ein gutes Öl. Die Gewinnung stieß früher auf große Schwierigkeiten, da die Kerne ungemein hart sind. Zunächst muß man die von der Weinbereitung kommenden ausgepreßten Beerenschalen, die Trester, von den Kernen absondern. Dies erreicht man am besten durch Trocknen der Trester und anschließendes maschinelles Schlagen. Nach Trocknen der Kerne, was sehr rasch zu erfolgen hat, um eine hohe Säurezahl des Öles zu vermeiden, werden diese durch Walzwerke zu Kernmehl vermahlen. Will man Speiseöl erzielen, so wird gepreßt. Eine höhere Ausbeute erhält man durch Extraktion mit Trichloräthylen. Der Ölgehalt der Kerne ist zwischen 8 bis 20 % gefunden worden.

Das Traubenkernöl wird besonders in der Seifenfabrikation und als Leinölersatz bei der Herstellung von Linoleum verwendet und hat eine gelbe, grüne oder dunkelolivgrüne Farbe, die sich durch Bleicherde gut bleichen läßt. Es ist ein schwachtrocknendes Öl, chemisch dem Rizinusöl ähnlich und besteht aus den Glyzeriden der Linol-, Linolen-, Öl- und Rizinolsäure. Sein Erstarrungspunkt liegt bei −10 bis −13°, der der abgeschiedenen Fettsäuren bei 18—20°. Seine Verseifungszahl ist 179 und die Jodzahl 96. Es ergibt eine Ausbeute von 160 % Natronseife.

10. Senföl. Aus den Samen des schwarzen und weißen Senfes, Sinapis nigra und alba, gewinnt man eine große Menge Öl. Dabei liefert der weiße Senf mehr Öl als der

[1]) Hefter, Technologie der Fette und Öle, Bd. II, S. 541, 1908.

schwarze. Das Schwarzsenföl ist mit seinem milden, an Rüböl erinnernden Geschmack als Speiseöl verwendbar, während das Weißsenföl einen beißenden Geschmack hat und mehr zur Seifenherstellung und als Brennöl Verwendung findet. Beide Öle sind halbtrocknend und von goldgelber bis bräunlicher Farbe. Das Öl erstarrt bei −17°. Der Erstarrungspunkt der abgeschiedenen Fettsäuren liegt bei 17°. Die Verseifungszahl ist 171—174, die Jodzahl 92 bis 108.

Der Handelsname des fetten Senföles ist Sinapol. Beide Sorten geben, da sie schwefelhaltig sind, die Becchireaktion. Neben geringen Mengen der Glyzeride der Stearin- und Arachinsäure enthält das Senföl die der Erukasäure, Ölsäure und Linolsäure.

Beim Anrühren der Samen des schwarzen Senfes entwickelt sich das ätherische Senföl. Die Samen des schwarzen Senfes enthalten ein Ferment, genannt Myrosin, und ein Glykosid, genannt myronsaures Kali. Bei Gegenwart von Wasser wird unter dem Einfluß des Fermentes das Glykosid in Glykose, Kaliumbisulfat und Allylsenföl gespalten. Das ätherische Senföl ist eine gelbliche Flüssigkeit, welche die Augen zu Tränen reizt und auf der Haut Blasen verursacht.

11. Tabaksamenöl. Das Tabaksamenöl findet sich in den Samen der Tabakpflanze, welche zu der Familie der Solanazeen, der Nachtschattengewächse, gehört. Die Pflanze ist in Amerika einheimisch und wird auch in Europa, z. B. in Bulgarien, kultiviert. Auf die Kultur des Tabaks zum Zwecke der Gewinnung des Öles ist erstmalig im Jahre 1840 von englischer Seite hingewiesen worden. Erneut wurde die Frage des erweiterten Anbaues der Tabakpflanzen zum Zwecke der Ölgewinnung im Jahre 1910 aufgeworfen, ohne daß aber weder in den Vereinigten Staaten von Amerika noch auch in den englischen Kolonien energische Schritte hierfür getan worden wären. Der Gehalt der Samen an Öl beträgt etwa 30—40 %. Die Gewinnung kann sowohl durch Pressen wie auch durch Ex-

traktion mit den gebräuchlichen Fettlösungsmitteln, wie Benzin, Benzol, Schwefelkohlenstoff, Tetrachlorkohlenstoff oder Trichloräthylen erfolgen. Das auf die eine oder andere Weise gewonnene Öl zeigt alle typischen Eigenschaften der fetten Öle. Es ist ein richtiger Glyzerinester zum Unterschied von Tabakfett, welches durch Extraktion der Tabakblätter erhalten wird und ein Gemisch von Harzen und Wachs bildet. Das Tabaksamenöl ist von hellgrünlicher bis gelblicher Farbe, das extrahierte Öl fluoresziert schwach mit grünlichem Schimmer. Das Öl absorbiert aus der Luft Sauerstoff und verdickt sich dadurch. Diese Eigenschaft bedingt die Verwendung in der Farben- und Firnisindustrie. Es siedet bei 150° C und entflammt bei etwa 320° C. In ähnlicher Weise wie Rüböl wird es auch als Brennöl benutzt. Das Öl zeigt folgende charakteristische Farbreaktionen: Beim Schütteln des Öles im Reagenzglas mit konzentrierter Schwefelsäure wird es anfangs hellgelb, später rotbraun, schließlich dunkelbraun. Mit Salpetersäure geschüttelt bildet sich anfangs eine schmutzigweiße Emulsion, welche nach einigen Minuten in eine gelblichrote Farbe umschlägt. Das Öl besteht aus rund 25 % Ölsäureglyzerid, 15 % Linolsäureglyzerid, 23 % Palmitinsäureglyzerid und den Estern der Stearin-, Linolen- und anderer noch nicht identifizierter Säuren. Die Azidität des Öles ist meist gering und beträgt als Ölsäure gerechnet 1—2 %.

c) Trocknende Öle

1. Leinöl. Das Leinöl entstammt den Samen der Leinpflanze oder des Flachses. Linum usitatissimum L. Da die Pflanze fast ausschließlich zur Gewinnung von Gespinstfasern angebaut wird, wird sie vor der vollständigen Reife geerntet, wodurch die Samen nicht ihren vollen Gehalt an Öl erhalten. Vor dem Pressen wird der Samen zunächst erhitzt, dann auf Walz- und Quetschwerken zerkleinert. Das Erhitzen erfolgt aus dem Grunde, damit das Pflanzeneiweiß gerinnt, leichter abgeschieden werden kann und nicht in das Öl kommt. Durch die Kaltpressung erhält man aus dem Samen 22 % Öl, durch Warmpressung 28 %.

Durch Extraktion steigert man die Ausbeute auf 30—35 %. Die anfallenden Leinkuchen sind sehr eiweißhaltig und bilden ein vorzügliches Futtermittel.

Die Bestandteile des Leinöls sind in der Hauptsache die Glyzeride der Linol-, Linolen-, Isolinolen- und Ölsäure, die zusammen etwa 90 % ausmachen, neben wenig Palmitin- und Myristinsäure. Ferner enthält es noch 0,8—1,5 % Unverseifbares.

Das Leinöl bildet die Basis in der Firnisfabrikation und stellt einen wichtigen Rohstoff im Malerhandwerk dar. Weiter dient es vornehmlich zur Herstellung von Schmierseifen jeder Art. Letztere sind weitgehend kältebeständig. Das Leinöl, das in riesigen Mengen hergestellt wird, ist ein bedeutender Handelsartikel. Bei der Spaltung ist darauf zu achten, daß vorher die Schleimstoffe entfernt werden.

Leinöl ist außerordentlich kältebeständig. Die Erstarrungsfähigkeit liegt zwischen −20 bis −30° C. Beobachtungen haben ergeben, daß russische Öle am kältebeständigsten sind. Das spez. Gew. schwankt zwischen 0,929—0,937. Durch Sauerstoffaufnahme bilden sich aus der Linol- und Linolensäure amorphe Oxysäuren, die in Petroläther unlöslich, deren Glyzeride aber im genannten Körper löslich sind. Beim Erhitzen nimmt Leinöl aus der Luft Sauerstoff auf und wird dadurch dickflüssiger. Das Produkt nennt man Firnis. Dabei steigt das spez. Gew., während die J.Z. sinkt. Unter Dicköl, Standöl, Buchdruckerfirnis, Lithographenfirnis versteht man durch Kochen eingedicktes Leinöl. Es dient ferner zur Bereitung von Linoleum, künstlichem Kautschuk, Kitt, Malerfarbe, Buchdruckerschwärze u. dgl. Unter „Sikkativ“ oder „Trockenöl“ versteht man Leinöl, welches mit einem Überschuß an Braunstein behandelt worden ist. Durch Verdünnen von Sikkativ mit gekochtem Leinöl kann man sich auf bequeme Weise Firnis herstellen.

Man verfährt dabei nach L o h m a n n in der Weise, daß man 1000 Teile Leinöl mit 20 Teilen fein gepulvertem Braunstein mischt und unter beständigem Rühren so lange erwärmt, bis das Öl schwach zu dampfen anfängt. Die Temperatur soll nunmehr nicht weiter gesteigert werden, sondern es soll die Flüssigkeit auf diesem Hitzegrad erhalten bleiben, bis eine Probe, auf einer Glasplatte verrieben, in längstens einer Minute zu einem dünnen Häutchen erstarrt. Hierauf wird die Masse mit der üblichen Vorsicht mit der gleichen Menge Terpentinöl verdünnt und an einem dunklen und kühlen Ort der Klärung überlassen. Es kommt bisweilen vor, daß das Öl beim Erhitzen auf 270—300° C „bricht", d. h. es beginnen Schleimstoffe sich auszuscheiden, welche ein algenartiges Aussehen haben. In diesem Falle muß man, um zu verhüten, daß das Öl sich dunkel färbt, mit dem Erhitzen aufhören. Man läßt das Öl dann durch Absetzen klären und kann es hierauf weiter behandeln. Ein sehr gutes Mittel, um das Leinöl wie auch andere Öle sowohl von den Schleimstoffen zu befreien als auch zu bleichen, ist die Behandlung mit Bleicherde. Eine Abscheidung der Schleimstoffe aus Leinöl, wie überhaupt aus Pflanzen- und Fischölen, erreicht man auch durch Abkühlen der Öle auf Temperaturen unter 0° C, ein Verfahren, um aus nichttrocknenden Ölen die Glyzerinester der Stearin- und Palmitinsäure auszuscheiden. Durch diese Behandlung werden diese Öle als Ersatzmittel für trocknende Öle brauchbar gemacht.

Das Leinöl ist ein stark trocknendes Öl, von hellgelber bis bernsteingelber Farbe und von eigenem Geruch und Geschmack. Er erstarrt bei − 27°. Der Erstarrungspunkt der abgeschiedenen Fettsäuren liegt bei 13°. Die Verseifungszahl ist 190—193, die Jodzahl 175—188. Das mittlere Molekulargewicht beträgt 230. Es reagiert nach der Hexabromidprobe positiv. Bei der Erwärmung bis nahe an die Zersetzungstemperatur wird das Öl dickflüssig und dunkel. Wird es dann mit Schwefelsäure gekocht, so wird die Masse plastisch und bildet den sogenannten Ölkautschuk. Es wird an der Luft und unter der Einwirkung von Licht dick und schließlich fest durch Aufnahme großer Mengen Sauerstoff, wobei sich das Linoxyn bildet. Es verseift sich sehr leicht.

2. M o h n ö l. Aus den Samen von Papaver somniferum L., dem Mohn, der heute nahezu überall angebaut wird, gewinnt man das Mohnöl. Seine Bestandteile sind die Glyzeride der Palmitin-, Stearin-, Öl-, Linol- und Linolensäure. Bei der Gewinnung muß man den sehr feinen Samen erst entstauben, auf Quetschwerken zerkleinern, und unter-

wirft ihn dann der Kaltpressung, wodurch man 40 % schönes hellgelbes Öl erhält, das ein gutes Speiseöl darstellt. Durch Warmpressung erhält man bis 50 % Öl. Das Mohnöl dient in der Hauptsache als Speiseöl, ferner als Bindemittel für feine Malerfarben. Für Schmierseife werden nur die Satzöle und das Extraktionsöl aus den Preßkuchen verwendet.

Das Mohnöl erstarrt bei −18°, der Erstarrungspunkt der abgeschiedenen Fettsäuren liegt bei 16°. Die Verseifungszahl ist 192—195, die Jodzahl 134—136. Es ist von blaßgelber Farbe, hat einen angenehmen Geruch und Geschmack und ist stark trocknend.

3. Sonnenblumenöl. Aus der Sonnenblume, Helianthus annuus, die in der Hauptsache in Rußland angebaut wird, erhält man das vorzügliche Sonnenblumenöl. Es enthält über 90 % Glyceride der Öl- und Linolsäure. Bei der Gewinnung müssen die Samen erst geschält und dann zerkleinert werden. Die erste Kaltpressung ergibt 20 % schönes, hellgelbes Öl und die folgende Warmpressung 32 bis 35 %. Es dient in der Hauptsache als Speiseöl und hat einen guten Geschmack, der dem des Olivenöls ähnelt. Die Nachschlagöle dienen zur Herstellung von Schmierseifen, wobei es sich mit Laugen von 10—15° Bé leicht verseifen läßt. Ferner wird es bei der Firnisbereitung mit Vorteil verarbeitet.

Das Sonnenblumenöl ist von hellgelber Farbe, angenehmem, mildem Geschmack und Geruch, langsam trocknend, und erstarrt bei −17°. Der Erstarrungspunkt der abgeschiedenen Fettsäuren liegt bei 17—18°. Seine Verseifungszahl ist 190—194 und die Jodzahl 122—135.

4. Hanföl. Das Hanföl gewinnt man aus den Samen von Cannabis sativa L., einer Gespinstpflanze, die ebenso wie der Lein vor der völligen Reife geerntet wird. Die Pflanze hat ihr Hauptproduktionsgebiet in den russischen Ostseeprovinzen. Der Samen enthält 28 % Öl. Dieses besteht aus wenig Glyzeriden der Stearin- und Palmitinsäure und viel Glyzeriden der Linol-, Öl-, Linolen- und Iso-

linolensäure. Es wird für Schmierseifen verwendet, wobei es dunkelgrüne Seifen ergibt, und dient zur Firnisbereitung.

Das Hanföl hat frisch eine hellgrüne Farbe, die allmählich ins braungelbe übergeht. Es ist von starkem Geruch und fadem Geschmack und erstarrt bei – 27°, während der Erstarrungspunkt der abgeschiedenen Fettsäuren bei 15° liegt. Es ist stark trocknend und zeigt die Hexabromidprobe.

5. Walnußöl. Es entstammt den Samen von Juglans regia L., ist farblos bis gelblichgrün, von schwach kratzendem Geschmack, erstarrt bei zwischen – 15 und 27° und ist ein trocknendes Öl. Das Walnußöl besteht aus den Glyzeriden der Linol-, Linolen-, Öl-, Myristin- und Laurinsäure, wird sehr leicht ranzig und zeigt die Hexabromidprobe. Der Erstarrungspunkt der abgeschiedenen Fettsäuren liegt bei 13—16°. Seine Verseifungszahl ist 186 bis 197 und seine Jodzahl 142—148.

6. Kirschkernöl. Dieses weniger wichtige Öl entstammt aus den Steinkernen der verschiedenen Kirscharten. Es ist ein vorzügliches Speiseöl und ist trocknend. Seine Verseifungszahl ist 192—197 und die Jodzahl 112—122.

7. Holzöl. Das Holzöl, auch chinesisches Holzöl (Tungöl) genannt, wird aus den Nüssen des Holzölbaumes Aleurites cordata, der in China wächst, gewonnen. Es wird durch Belichtung fest. Als Verfälschungsmittel kommen Rüböl, Kottonöl, Maisöl, Sojabohnenöl, Tran, Mineralöl und Harzöl in Betracht. Zum Nachweis von Rüböl wird die im Rüböl vorkommende Erukasäure isoliert, deren Schmelzpunkt bei 30° C liegt, deren Molekulargewicht 310 bis 320 und deren J.Z. 60—75 beträgt. Zum Nachweis des Kottonöles und des Maisöles sowie von Mineralöl und Harzöl wendet man die verschiedenen Farbreaktionen an. Tran wird durch die Oktobromidreaktion (s. S. 70) nachgewiesen. Die Hexabromidzahl, welche die nach einem bestimmten Verfahren ausgefällten Prozente Hexabromid bezeichnet, beträgt bei reinem Leinöl 48, bei Sojaöl 6, bei Holzöl und Tranen dagegen 0.

Um das Öl aus den Nüssen zu gewinnen, bedienen sich die Chinesen, wie seit Jahrhunderten üblich, zum Zermahlen großer Granitsteine, die von Ponys gezogen werden. In einigen Gegenden werden die Nüsse zuvor angeröstet, wodurch die äußere Hülle gesprengt und die Entfernung derselben erleichtert wird. Auch die Ölausbeute soll eine reichlichere sein, ergibt aber das im Handel minderwertige, dunkelfarbige Öl. In anderen Provinzen werden die Nüsse vor dem Pressen gedämpft, und man erhält ein im Preis höherstehendes, hellfarbiges Öl. Die äußerst einfache Art der Ölgewinnung hat zur Folge, daß dem Öl sehr viel Schmutz anhaftet. Um eine verkaufsfähige Ware zu erzielen, wird das Öl in große Behälter von 30—50 t Inhalt gefüllt, welche mit heizbaren Dampfschlangen versehen sind. Nachdem sich der Schmutz gehörig niedergeschlagen hat, wird das klare Öl von oben abgezogen und in zum Versand bestimmte Fässer gefüllt. Der zurückbleibende Schlamm, welcher noch immer sehr viel Öl enthält, wird nicht weiter verwertet. Der Ölgehalt der Nüsse beträgt etwa 40 %. Durch längeres Erwärmen verdickt sich das Öl und nimmt eine schwarze Farbe an. Frisches Öl soll giftig sein. In China und Japan werden die schlechteren Sorten als Schiffsanstrich benutzt. Das Öl erteilt dem Holz eine schöne gelbe Farbe und macht es zugleich wasserdicht. Bei uns findet es Verwendung sowohl allein als auch besonders als Zusatz zu Fußbodenlacken.

Seine Bestandteile sind 25 % Olein und 75 % Elaeomargarinsäure. Es ist ein trocknendes Öl und für die Lackfabrikation gut geeignet. Beim Sieden wird es gallertartig. Der Erstarrungspunkt der abgeschiedenen Fettsäuren liegt bei 31°. Seine Verseifungszahl ist 190—196 und die Jodzahl 159—163.

8. P e r i l l a ö l. Perillaöl wird aus den Samen von Perilla ocymoides gewonnen. Die krautartige Pflanze gehört in die Familie der Lippenblütler und ist in China, Japan und

Indien beheimatet. Die Samen, welche etwa 35 % Öl enthalten, sind graue, bräunlich geäderte Nüßchen, die auf der Außenseite stark gerundet, matt und glanzlos erscheinen. Die Gewinnung erfolgt durch Auspressen der Samen. Der Geschmack des Öles ist angenehm ölig und erinnert an den des Hanfes oder Mohnes. Es hat die Eigenschaft, erst bei sehr niedriger Temperatur zu erstarren, und besitzt die höchste Jodzahl. Das Perillaöl hat die Eigenschaft, aufgestrichen wie das Quecksilber Tropfen zu bilden. Es dient zur Herstellung von Lacken, Firnissen u. dgl. Durch Erhitzen auf 200—250° verliert das Öl diese unerwünschte Eigenschaft, wird dadurch auch dickflüssig und bildet schon in ganz kurzer Zeit eine elastische glänzende Haut.

Seine V.Z. ist 192—194, J.Z. 195, seine Fettkomponenten sind: wenig gesättigte Fettsäuren, Öl- und Linolsäure, in der Hauptsache Linolensäure (über 50 %).

9. Oiticicaöl. Das Öl wird nach den Feststellungen von Lüde aus den Ölfrüchten eines in den Nordstaaten Brasiliens beheimateten, wildwachsenden Laubbaumes gewonnen. Der Baum führt den botanischen Namen Licania rigida und gehört zur Familie der Rosaceen. Der Baum erreicht eine Höhe von 15 m und mehr und besitzt eine dicht gewölbte Krone. Die Früchte werden von Dezember bis März gesammelt. Sie sind langgestreckt, oval und von grünlichbrauner oder gelblicher Farbe. Jede Frucht besitzt einen Samen, der sich leicht von der korkähnlichen Schale ablösen läßt. Der Geruch ist holzölartig, durchdringend und stark. Durch Pressen der ungeschälten Samen werden gegen 40 % Öl erhalten. Die Ausbeute wird durch längeres Lagern beeinträchtigt, da sich das Öl sehr rasch oxydiert. Die Ölausbeute bei der Extraktion beläuft sich bei frischer Ware auf etwa 60 %. Das Öl bildet bei Zimmertemperatur eine salbenartige Masse von gelblichweißer Farbe. Die Kennzahlen sind: S.Z. 6,5, V.Z. 189,5, R.M.Z. 0,56, J.Z. 182. Unverseifbares 0,5 %, Schmelzpunkt der Fettsäuren 52° C. Der Vorzug des Öles liegt, wie aus der

J.Z. ersichtlich, in dem großen Trocknungsvermögen. Das Öl eignet sich daher zur Herstellung von Anstrichen, Linoleum, Faktis u. dgl.

3. Abfallfette

Durch den in den letzten Jahrzehnten eingetretenen Fettmangel haben die Abfallfette eine große Bedeutung für die Industrie erlangt. Für die Seifenindustrie standen in der vergangenen Zeit überhaupt nur Abfallfette zur Verfügung. Diese zeigen eine sehr wechselnde Zusammensetzung und einen gewissen Gehalt an Unverseifbarem, Oxyfettsäuren, Wasser und Schmutz. Es ist deshalb vor der Verarbeitung sehr zu empfehlen, die Fette einer chemischen Untersuchung zu unterziehen. Bei den geringeren Sorten ist zu empfehlen, sie vorzureinigen, dann zu azidifizieren und mit überhitztem Wasserdampf zu destillieren. Die dadurch erhaltenen Fettsäuren lassen sich dann gut zur Herstellung von Seife verwenden. Die Abdeckereifette, Haut- und Darmfette lassen sich ohne diese Maßnahme verarbeiten.

1. Abdeckereifett oder Kadaverfett ist ein Gemisch von Schweinefett, Rinderfett und Pferdefett. In den staatlich konzessionierten Tierkörperverwertungsanstalten werden die anfallenden Kadaver in geschlossenen Druckgefäßen mit gespanntem Dampf ausgekocht. Die dabei entstehende Leimbrühe und das Fett werden abgezogen und das letztere durch Umschmelzen auf Wasser gereinigt. Die festen Reste werden zu Dünge- und Futtermittel verarbeitet. Im Interesse einer raschen Aufarbeitung des anfallenden Kadavermaterials ist es in den Abdeckereien nicht möglich, so lange zu warten, bis eine Füllung der Dampfapparate von ein und derselben Tierart vorgenommen werden kann. Die Auskochapparate werden deshalb wahllos gefüllt, so daß das resultierende Fett ein Gemisch aller Fette darstellt. Die Farbe des Fettes ist deshalb auch ganz verschieden und wechselt von grau bis hellbraun. Aus diesem Grunde lassen sich auch keine übereinstimmenden Kennzahlen für das Fett aufstellen.

Kadaver-Verwertung

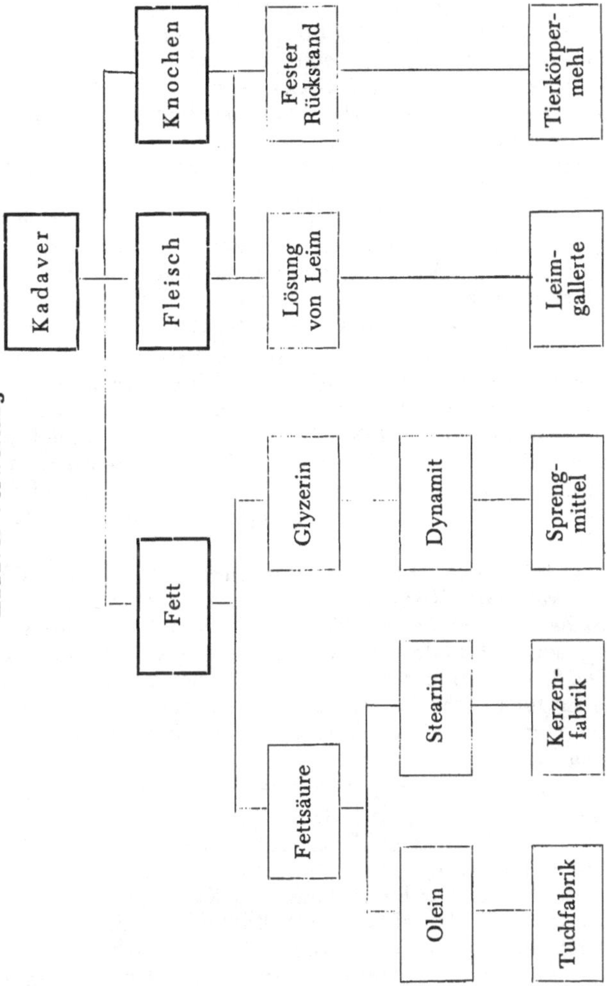

Man bewertet das Fett ausschließlich nach Farbe und Geruch. Es ist schmalz- bis talgartig und ein vorzügliches Fett zur Herstellung von Kernseifen. Stark riechende Fette bleicht man am besten vor der Verarbeitung mit Bleicherde. Häufig enthält es einen hohen Prozentsatz an freier Fettsäure. Es ist stark stearinhaltig.

Die aus den Kadavern gewonnenen Produkte sind aus dem Bild auf S. 123 ersichtlich.

2. Hautfett. Bei der Verarbeitung der Tierhäute in den Lederfabriken fällt das Hautfett nach der Behandlung mit Kalk an. Aus diesem Grunde enthält das Fett große Mengen an Kalkseife. Bei einer Verwendung ist vorher unbedingt der Gehalt an Unverseifbarem zu bestimmen.

3. Darmfett. Die bei der Wurstfabrikation anfallenden Darmenden, die nicht mehr die erforderlichen Längen haben, werden auf Wasser mit Dampf ausgekocht, wobei sich das Fett in der Ruhe oben absetzt, während die Fleischteile sich nach unten absetzen. Es ist von normalem Geruch, schmalzartig und von heller Farbe. Das Darmfett besitzt wenig freie Fettsäuren und eignet sich sehr gut für alle Sorten Seife.

4. Wurstfett. Das Wurstfett fällt in den Wurstfabriken beim Kochen der Würste ab, wobei sich das Fett an der Oberfläche der Kochkessel absetzt. Es enthält viel Wasser und Bodensatz und hat eine grünlichblaue Farbe. Es ist weich und schmalzartig. Vor der Verarbeitung muß es nochmals geklärt und gereinigt werden. Man kann bei der Herstellung von Kernseife einige Prozentsätze mitverwenden.

5. Leimfett. Das Leimfett, oder besser Leimsiederfett genannt, ist nicht mit den sogenannten Leimfetten wie Kokos- und Palmkernöl zu verwechseln. Es entsteht bei der Verarbeitung von ungegerbten Häuten, den Lederhäuten, nach der Behandlung mit Kalk auf Leim. Hierbei werden die Hautabfälle mit Kalkmilch eingeweicht, wodurch die Haut aufgeschlossen, die eiweißhaltigen Bestandteile wasserlöslich gemacht werden und der Lederleim ge-

wonnen wird. Das Fett der Häute wird dabei verseift. Beim Sieden der Leimlösung scheidet sich dann die Kalkseife mit dem nichtgebundenen Fett von ersterer. Nach Trennung wird die Kalkseife mit Salzsäure zersetzt, abgeschöpft und kommt als „Abschöpffett“ in den Handel. Verwendet man statt Salzsäure Schwefelsäure, so entsteht Gips, der die ganzen Fettsäuren aufsaugt und gut der Extraktion unterworfen werden kann, wodurch man das „Aufschlußfett“ erhält. In Farbe und Konsistenz ähnelt das Abschöpffett dem Naturknochenfett und das Aufschlußfett dem Benzinknochenfett. Es hat einen hohen Gehalt an Oxyfettsäuren und riecht sauer. Es kann gut zur Herstellung von allen Arten Kernseifen verwendet werden.

6. Gerberfett. In den Gerbereien werden die fertig gegerbten Häute, um sie weich und geschmeidig zu machen, zum Schluß mit Fett, meist Talg, Tran oder Dégras, bestrichen und zum Trocknen aufgehängt. Das nicht in das Leder eingezogene Fett wird wieder abgeschabt und gibt das sogenannte „Abstoßfett“. Das Gerberfett hat eine sehr wechselnde Zusammensetzung und Beschaffenheit, ist meist sehr dunkel und weist mitunter einen sehr hohen Gehalt an Unverseifbarem auf. Für die Seifenherstellung ist es weniger geeignet, dagegen gut für die Lederpflege.

7. Lederfett. Durch Extraktion von gegerbtem Leder und Lederabfällen mit Lösungsmitteln gewinnt man gelbe, braune bis schwarze Fette mit einem unangenehmen Ledergeruch. Sie enthalten viel freie Fettsäuren und Unverseifbares. Auch oft viel Mineralöl. Es ist daher für die Seifenfabrikation nicht geeignet, emulgiert sehr leicht und bindet große Mengen Wasser. Bei dem hohen Gehalt an Unverseifbarem (10—18 %) ist vor der Verarbeitung unbedingt eine Untersuchung zu empfehlen.

8. Walkfett. Die Walkfette, Abfallprodukte in der Textilindustrie, hauptsächlich in der Tuchfabrikation, sind dickflüssige, ölige Massen, die durch Ansäuern der in diesen Betrieben anfallenden Waschwässer erhalten werden. Sie haben eine braune bis schwarze Farbe und sind von schlech-

tem Geruch. Da in den Textilbetrieben in der letzten Zeit zu den Schmälzen auch viele Kohlenwasserstoffe verwendet wurden, zeigen die Walkfette auch einen sehr hohen Bestandteil an Unverseifbarem, der bis zu 22 % gestiegen ist. Walkfett wird heute in den Seifenfabriken kaum noch verwendet.

9. Abwasserfett. In Schlächtereien, Gastwirtschaften, Kantinen usw. gehen mit den Spül- und Abwässern erhebliche Mengen Fett verloren. Man hat versucht, dieses durch Fettfänger und besonders gebaute Kläranlagen zurückzugewinnen, was auch zu einem gewissen Erfolg geführt hat. Man erhält auf diese Weise dunkelfarbige und schmierige Massen, die ohne weitere Behandlung natürlich nicht zu gebrauchen sind. Abwasserfette enthalten viel freie Fettsäuren und Unverseifbares. Ein brauchbares Material kann man daraus nur durch Spaltung mit Schwefelsäure und anschließender Destillation erhalten.

10. Soapstock. Soapstock ist der Rückstand in der Raffination der Speiseölfabriken. Dort werden die Öle und Fette, um sie säurefrei zu machen, mit Natronlauge behandelt, wobei die entstehende Seife noch Öl mitreißt. Dieser Satz kann in den Seifenfabriken ohne weiteres verarbeitet werden. Er ist eine dickflüssige, salbenartige, dunkelfarbige Masse, die neben Seife noch Alkali, Wasser, unverseiftes Fett und Farbstoffe enthält. Der Gehalt an Oxyfettsäuren ist erheblich.

11. Raffinationsfettsäuren. Aus der Speisefettindustrie kommen erhebliche Mengen abfallende Pflanzenfettsäuren in den Handel, die meist ein Gemisch verschiedener Fette darstellen. Es sind dies Fettstoffe, die entweder vorher mit Mineralsäuren behandelt wurden, oder solche, die durch Behandlung mit Laugen entstanden sind bei nachfolgender Spaltung mit Mineralsäuren. Sie enthalten oft Seife, Wasser und Schmutz, haben hellgelbe bis braune Farbe und sind von schmalzartiger Konsistenz. Für ihre Bewertung ist nur der Gehalt an Gesamtfett maßgebend. Sie können für die Seifenfabrikation gut verwendet werden und sind meist ein Gemisch vieler Fettsäuren.

12. Tallöl. Tallöl ist ein Nebenprodukt der Papierherstellung nach dem Sulfatverfahren, das besonders in den nordischen Ländern eingeführt ist. Auch in Kanada und den USA gewinnt man neuerdings viel Tallöl. Aus der sog. Schwarzlauge beim Sulfatverfahren erhält man durch Ansäuern das sehr dunkle Rohtallöl. Durch verschiedene Raffinationsverfahren wird daraus das sehr helle raffinierte Tallöl erhalten. Es hat sehr wechselnde Zusammensetzung: 30—50 % Harzsäuren, 60—45 % Fettsäuren, 1—6 % oxydierte Säuren (aus Harz- und Fettsäuren), 1—10 % Unverseifbares. Bei der Raffination ist man um eine weitgehende Zerlegung in Fett- und Harzsäuren bemüht.

Tallöl und die daraus hergestellten Produkte finden in der Anstrich- und Textilhilfsmittel-Industrie, Leim- und Kittfabrikation, sowie im Straßenbau Verwendung.

Die Harzsäuren setzen sich zusammen aus: Abietinsäure, Pimarsäure und Sandaracopimarsäure.

4. Synthetische Fette

a) Künstliche Fettsäuren

Schon 1884 wurde Eugen Schaal ein Patent (Nr. 32 705 vom 25. 9. 1884) erteilt, das ein Verfahren schützt, Fettsäuren aus Kohlenwasserstoffen, die bei der Destillation des Erdöls, der Braun- und Steinkohlen, Torf, Schiefer usw. anfallen, durch Oxydation mit Luftsauerstoff zu erhalten. Das Patent konnte seinerzeit kaum in die Praxis umgesetzt werden, da es erstens genug natürliche Fette gab, die zu einem wesentlich billigeren Preis gehandelt wurden, und zweitens nicht genug hochmolekulare Kohlenwasserstoffe, wie Paraffin, aufzutreiben waren. Erst nachdem es Bergius, Fischer und Tropsch gelungen war, Kohlenwasserstoffe durch Hydrierung und Synthese aus Kohle in genügenden Mengen darzustellen, war es möglich, das Schaalsche Patent weiter auszubauen. Durch die Synthese nach Fischer-Tropsch, deren industrieller Ausbau während der letzten Kriegsjahre ein ungeheures Ausmaß angenommen hat, fielen große Mengen Gatsch, worunter man ein abfallendes Paraffinprodukt versteht, an, die das Ausgangsmaterial für die Fettsäuresynthese bilden. In den Werken von *Imhausen* in Witten an der Ruhr und in den Farbenfabriken *Oppau* wurde dieses Verfahren in ganz großem Maßstabe verwirklicht.

Nach Bergmann wurde Paraffin vom Schmelzpunkt 52° in gewöhnlichen Kesseln bei einer Temperatur von 130 bis 135° mit Luftsauerstoff „geblasen". Dabei entstanden braune, salbenartige Substanzen, die mit Alkalien schäumende Seifen bildeten, aus denen Lignocerinsäure $C_{24}H_{48}O_2$ und zwei unbekannte Säuren mit der Kohlenstoffzahl C_{11} und C_{16} neben Ameisensäure, Essigsäure und Buttersäure isoliert werden konnten.

Weiter wurden von Harries, Kötschau und Albrecht Patente erwirkt zur Gewinnung von Fettsäuren durch Zersetzung der aus dem Braunkohlengasöl hergestellten Ozonide. Diese Ozonide sind Verbindungen, bei denen sich an ungesättigte Kohlenstoffatompaare ein Ozonmolekül anlagert. Durch Erhitzen mit Kali werden dann die Ozonide der hochmolekularen Kohlenwasserstoffe in die Kalisalze niedriger molekularer Fettsäuren gespalten.

In den letzten zwei Jahrzehnten sind auf diesem Gebiete eine ganze Reihe von Patenten erteilt worden, die die Gewinnung von Fettsäuren aus Kohlenwasserstoffen zum Gegenstande hatten. Bei der Oxydation waren die entstehenden Fettsäuren noch stark mit unverändertem Ausgangsmaterial und unverseifbaren Teiloxydationsprodukten verunreinigt, und es war schwierig, diese von den Fettsäuren zu trennen. Nach den *Deutschen Hydrierwerken A.G.* (DPS 716 510) werden deshalb die Kohlenwasserstoffe zunächst nur zu sauerstoffhaltigen, aber noch nicht sauren Verbindungen oxydiert und dann, vielleicht nach Trennung der nichtoxydierten Teile, durch eine Alkalischmelze in Seifen übergeführt. Als Ausgangsmaterial dienten die Braunkohlenschwelteeröle mit einem Siedepunkt von 200 bis 350°, Krackgasöle mit gleichem Siedebereich. Eine günstige Oxydation wurde erhalten, wenn das Ausgangsmaterial einen hohen Gehalt an Olefinen hatte. Zur Oxydation selbst wurden die üblichen Mittel, wie Sauerstoff, Luft, Wasserstoffsuperoxyd, Kaliumpermangnat usw., benutzt. Die Oxydation erfolgte in Gegenwart der Lösungsmittel Eisessig, Essigsäureanhydrid, Azeton u. a. Die Alkalischmelze wird bei Temperaturen von 200° vorgenommen. Die resultierenden Seifen zeigen einen hohen Waschwert und können zwecks weiterer Raffination noch zersetzt und destilliert werden. Eine weitere Raffination konnte man erhalten, wenn man die Oxydationsprodukte auf 300—400° mit so viel Wasser erhitzt, daß der Sättigungsdruck des Wassers bei der Arbeitstemperatur erhalten bleibt und die Erhitzung so lange fortsetzt, bis die aus den Umsetzungsprodukten abgesetzten Fettsäuren einen wesentlichen Unterschied zwischen Säurezahl und Verseifungszahl nicht mehr aufweisen. Durch diese Vorbehandlung werden die hydroxylhaltigen und sauren Bestandteile unter Bildung unverseifbarer Produkte und wasserlöslicher Säuren in praktisch reine Fettsäuren übergeführt, die sich von den natürlichen kaum noch unterscheiden. Die Reaktion wird begünstigt durch Anwesenheit aliphatischer Sulfosäuren, Karbonaten der Erdalkalien, des Magnesiums, aktive Kohle, feinverteiltes Nickel oder Zinkstaub.

Bei der Destillation der Fettsäuren hat es sich nun gezeigt, daß diese leichter und besser vor sich geht, wenn das Unverseifbare vorher nicht abgetrennt wird. Man destilliert das Oxydationsprodukt unmittelbar im Vakuum von etwa 2—8 mm mittels Wasserdampfes und fängt die bei 150—290° siedenden Anteile gesondert auf. Erst dann trennt man das Unverseifbare ab. Die *Märkische Seifenindustrie,* die diesem Problem jahrelange Versuchsarbeiten gewidmet hat, hat ein Verfahren ausgearbeitet, wonach die Trennung der unerwünschten Teile von der synthetischen Fettsäure in einwandfreier Weise vor sich geht. Die Oxydationsprodukte werden danach nur mit solchen Mengen wäßriger alkalischer Stoffe behandelt, die genügen, um die vorhandenen Oxysäuren zu binden, worauf die sich bildende wäßrige Schicht abgetrennt wird. Durch Behandlung der Gesamtmasse mit ganz geringen Mengen schwacher alkalischer Laugen ist es demnach möglich, die Oxysäuren und niedrigmolekularen Carbonsäuren und Aldehyde herauszulösen.

Die Abtrennung des Unverseifbaren und der anderen unerwünschten Anteile verursachte viel Schwierigkeiten, und es wurden dafür viele Verfahren ausgearbeitet, die schließlich zu einem guten Resultat führten. So erzielt man eine gute Abtrennung des Unverseifbaren aus dem Verseifungsgemisch, wenn man die wäßrigen Lösungen oder Emulsionen der verseiften Gemische mit Fettlösungsmitteln unter Zusatz von solchen einwertigen Alkoholen, die bei gleichzeitiger Anwesenheit von Fettlösungsmitteln und Wasser sich vorzugsweise mit den verwendeten Fettlösungsmitteln mischen. Als Fettlösungsmittel nimmt man Benzin, Benzol, Chlorkohlenwasserstoffe und als Zusatzstoffe Propyl- und Isopropylalkohol, Butyl- und Amylalkohol, Azeton oder Äther. Man erhält auf diese Weise Fettsäuren mit einem Gehalt an Unverseifbarem von nur 0,3—0,4 %.

Nach einem Verfahren der I. G. Farbenindustrie hat man die Entfernung des Unverseifbaren auch auf folgende Weise vorgenommen: Die verseiften Oxydationsprodukte erhitzt man mit der gleichen Menge Wasser auf über 280° unter Druck und entspannt dann den Druck stufenweise. Die Hitzebehandlung dauert mindestens eine Stunde bei einer Temperatur von 310 bis 350°, wobei sich ein Druck von etwa 100 atü entwickelt. Bei einer stufenweisen Entspannung zieht mit den entweichenden Dämpfen ein Teil der unverseifbaren Bestandteile mit ab, so daß zum Schluß bei der Entspannung auf gewöhnlichen Druck der Rest des Unverseifbaren mit den färbenden und übelriechenden Verunreinigungen entfernt wird. Man ist auf diese Weise auf einen Gehalt von 0,5—1 % an Unverseifbarem gekommen.

Nach all diesen Verfahren sind in den letzten Jahren der Seifenindustrie ganz erhebliche Mengen reiner und hochwertiger synthetischer Fettsäuren zur Verfügung gestellt worden, aus denen man Kern- und Grundseifen von hervorragender Beschaffenheit hergestellt hat. Durch besondere Reinigung und Veresterung hat man auch künstliche Speisefette erzeugt, die im Geschmack und Geruch den natürlichen Fetten in keiner Weise nachstanden. Dem Problem „Butter aus Kohle“ hat sich vor allem die *Märkische Seifenindustrie* in Witten gewidmet. Bei der Destillation der Rohfettsäuren erhielt man folgende Fraktionen: die Vorlauffettsäure, Hauptlauffettsäure, Nachlauffettsäure und hochmolekulare Fettsäuren. Während die Hauptlauffettsäure für die Seifen- und Speisefettindustrie in Frage kommen, verwendet man die anderen Fraktionen als Lösungsmittel, Weichmacher und künstliche Wachse.

Neben dieser reinen Fettsynthese entdeckte man noch ein biochemisches Verfahren zur Gewinnung von Fett. Man hat Pilze gefunden, die bei ihrem Wachstum aus Kohlehydraten Fett entwickeln. Es sind dies die sogenannten Fusarien. Dabei dient als Nährlösung Kohlehydrat mit stickstoffhaltigen Stoffen bei Zusatz von Spurenelementen. Nach einem italienischen Patent impft man eine Zuckerlösung mit Fusarien und setzt diese Masse in einem geschlossenen Behälter bei einer Temperatur von 24—27° einer Feinbelüftung aus. Nach 2 Tagen ist die Fettbildung am höchsten. Das sich am Boden absetzende Pilzgewebe ist weißlich, von zellstoffähnlicher Struktur und zeigt einen angenehmen Geruch. Es wird zentrifugiert und die Trockenmasse zeigt einen Fettgehalt bis 50 %. Daneben entsteht noch wertvolles Lezithin und das anfallende Fett hat eine rote Farbe, die von mitentstehendem Karotin herrührt.

b) Das Mersol

Die große Bedeutung des Mersols, die im letzten Kriege für dieses Produkt in besonderem Maße bestand, ist jetzt wieder infolge Zonengrenzen und Fabrikationseinschränkungen, die uns auferlegt wurden, gesunken. Jedoch kann bei einer plötzlichen Verfinsterung des politischen Himmels das Thema „Mersol“ schnell wieder spruchreif werden. Mersol wird aus Kohlenwasserstoffen mit einer Kohlenstoffreihe C_{12} bis C_{18} (also Paraffinen) hergestellt, die mit Schwefeldioxyd (SO_2) und Chlor (Cl) behandelt werden. Das Verfahren dieser Sulfohalogenierung von Paraffinen ist von dem Amerikaner C. R. Reed (Pat. Nr. 849 393 Frankreich) entdeckt worden und gestattet die Einführung einer Schwefelsäuregruppe in einen aliphatischen Kohlenwasserstoff nach folgender Gleichung:

$$R \cdot CH_3 + Cl_2 + SO_2 = R \cdot CH_2SO_2Cl + HCl.$$

Dieses Paraffinsulfochlorid (Handelsname Mersol D) ist eine ölige hellbraune Flüssigkeit von spez. Gew. 1,05 bis 1,06. Bei der Sulfochlorierung wird ein bestimmter Prozentsatz des Kohlenwasserstoffes nicht erfaßt. Deshalb enthält das Mersol noch eine ziemliche Menge Unverseifbares, und zwar findet man 18—22 %. Bei Temperaturen unter 0° C kann dieses, da es dann fest wird, abgeschieden werden.

Das Mersol ist stark sauer und riecht nach Schwefeldioxyd. Als Ausgangsmaterial bei der Herstellung des Mersols dient eine Fraktion der Kohlenwasserstoffsynthese nach Fischer-Tropsch mit einem Siedebereich von 180 bis 320° C, das sogenannte Kogasin.

Mit Alkalien reagiert die Sulfonsäure nach der Gleichung:

$$R \cdot SO_2Cl + 2\,NaOH = R \cdot SO_3Na + NaCl + H_2O.$$

Die verseiften Mersole nennt man Mersolate, und sie sind stark salzhaltige, ölige Produkte. Nach der Gleichung sind bei der Verseifung bzw. Neutralisation 2 Mol Ätznatron erforderlich, daher auch die hohe V.Z. gegenüber den Fettsäuren. Sie lag bei etwa 380—400. Bei der Verseifung erwärmt man die vorgelegte Lauge von 38° Bé auf etwa 100° C und läßt das Mersol in dünnem Strahl zulaufen unter dauerndem Rühren oder Krücken oder Einblasen von Luft. Die Verseifung tritt anfangs nicht sofort ein. Erst wenn die Verseifung eingeleitet ist, was durch starkes Schäumen bemerkt wird, geht sie zügig weiter.

Bei der Mersolatherstellung entsteht außer Wasser noch Salz, das sich nach der Verseifung beim Abkühlen am Boden des Kessels zum großen Teile absetzt. 6—7 % Salz verbleiben im Mersolat.

Infolge der stark sauren Eigenschaften des Mersols muß man möglichst in säurebeständigen Kesseln arbeiten, die Lauge vorlegen und das Mersol zufließen lassen. Da bei der Neutralisierung sehr viel Wärme frei wird, muß man bei dem Zufluß des Mersols sehr vorsichtig sein, da sonst leicht ein plötzliches Überkochen stattfinden kann. Nach der Verseifung scheidet sich an der Oberfläche des Kessels ein Teil des Unverseifbaren ab. Durch weiteres Verdünnen und nochmaliges Aufkochen kann man einen weiteren Teil des Unverseifbaren zur Abscheidung bringen. Der am Kesselboden befindliche Kochsalzschlamm besteht aus etwa $^2/_3$ Kochsalz und $^1/_3$ Mersolat, die durch Zentrifugieren getrennt werden können.

c) Fettalkohole

Die Fettalkohole haben als Sulfate infolge ihrer hervorragenden waschtechnischen Eigenschaften eine immer größere Bedeutung erlangt, so daß sie hier eine Erwähnung finden müssen.

Die natürliche Rohstoffquelle für Fettalkohole ist der Pottwal, in dessen Kopf- und Rumpfhöhlen Fettalkohol, gebunden an Fettsäuren in Form von Wachsestern, zu finden ist. Das hier gefundene Spermöl spielt bei der Gewinnung von Fettalkoholen eine große Rolle. Das Spermöl wird verseift, und aus der Seife wird der Fettalkohol abdestilliert. Dabei erhält man etwa 30 % Ausbeute, und zwar den gesättigten Cetylalkohol mit 16 C und den öligen ungesättigten Octadecenol mit 18 C.

Eine größere Ausbeute erhält man nach Bouveault und Blanc, wonach durch Reduktion des Spermöls mit metallischem Natrium unter hohem Wasserstoffdruck die im Spermöl enthaltenen Fettsäuren zu Fettalkoholen reduziert werden.

Weiter werden Fettalkohole durch Hochdruckhydrierung von Fettsäuren bei Gegenwart von Adkinsschen Katalysatoren (Kupfer-Chromoxyd) in bedeutendem Maße hergestellt, wobei allerdings die Doppelbindungen in den ungesättigten Fettsäuren nicht erhalten bleiben.

Eine interessante Gewinnung von Fettalkoholen ist die Synolsynthese, eine Abwandlung der Fischer-Tropsch-Kohlenwasserstoffsynthese. Durch diese reine Gassynthese wird es möglich, den Fettalkoholbedarf unabhängig von den natürlichen Fettsäuren zu machen.

Nach erfolgter Sulfierung stellen diese Produkte die für die heutige Waschmittelindustrie so wichtigen und hochwirksamen Rohstoffe dar (Lauryl-, Myristyl- und Cetylalkoholsulfate).

d) Andere synthetische Waschrohstoffe

Die Fabrikation dieser Stoffklasse ist so ungeheuer groß und vielseitig geworden, daß sie hier nur Erwähnung finden können. Neben den Fettalkoholen stellt man noch Fettsäurekondensationsprodukte, Alkylarylsulfonate, Alkylsulfonate, Äthylenoxydkondensationsprodukte und Schwefelsäureester von Polyoxyäthylenverbindungen her, die teilweise anion- oder kationaktiv oder nichtionogen sind.

Tabelle der Eigenschaften und Kennzahlen verschiedener aus Preßrückständen gewonnener Öle

Kennzahlen	Johannisbeersamenöl	Hagebuttensamenöl	Tomatensamenöl	Himbeerkernöl	Erdbeersamenöl	Spillbaumöl
Ölgehalt in %	16,9	9,6	17	13,5	16,3	35
Äußere Beschaffenheit	dünnflüssig	dünnflüssig, angenehmer Geruch	dünnflüssig	dünnflüssig	dickflüssig, zäh	dünnflüssig
Farbe	gelbbraun	gelb-orangegelb	braunrot	grüngelb	hellgelb	rotbraun
Spez. Gew. bei 15°	0,912	0,9161	0,92	0,9151	0,974	0.939
V. Z.	171	173	183,6	180	184,6	230
J. Z.	152,5	152,8	117,8	162	72,8	35
R. M. Z.	0,77	0,44	0,22	0,11	13,42	—
Brechungsexponent im Butterrefraktometer bei 40°	62°	67°	63°	65°	82°	52°
Erstarrungspunkt	−17,5°	−17,5°	−9°	−17,5°	—	−10°
Schmelzpunkt der Fettsäuren	20°	31°	26—29°	30°	−21°	—
Unverseifbares %	2,31	2,62	2,68	1,86	2,42	5,83

Tabelle der Kennzahlen

Bezeichnung	Spez. Gew. bei 15°	H. Z.	V. Z.	J. Z.
Abdeckereifett	—	95,2	195	55—60
Bassiaöl	0,9175	94,5	190	50—64
Buchedkernöl	—	—	191—196	104—111
Butterfett	0,936—0,940	87,5	219—233	26—46
Chinesischer Talg	—	—	199—210	28—38
Dikafett	—	—	244	31
Erdnußöl	0,916—0,921	95,8	189—197	86—99
Getreideöl	0,924—0,929	95	182—190	115
Hanföl	0,925—0,931	94,8	193	160
Haselnußöl	0,915—0,920	—	187—197	83—90
Holzöl	0,936—0,944	96	190—196	159—163
Japanwachs	0,969—0,993	90,5	217—238	5—9
Illipeöl	0,917	94,5	187—199	50—60
Kakaobutter	—	—	192—202	33—38
Kapoköl	0,920—0,930	95	189—197	118—119
Karnaubawachs	0,990—0,999	—	79—86,5	10,1—13,5
Kirschkernöl	—	—	192—197	112—122
Klauenfett	0,914—0,916	—	191—203	45—75
Knochenfett	0,925	94—95	190	46—55
Kokosöl	0,914—0,916	—	254—262	8—10
Kottonöl	0,920—0,930	95,7	191—198	101—117
Leindotteröl	0,922—0,932	94,8—95,3	185—190	132—142
Leinöl	0,930—0,940	95,6	187—193	175—188
Lorbeeröl	0,933	—	198	67—80
Maisöl	0,921—0,923	94,5—95,6	188—190	119
Mandelöl	0,915—0,920	96	183—196	93—102
Mohnöl	0,924—0,927	95,6	192—195	134—136
Montanwachs	ca. 1	—	60—80	12—19
Muskatnußöl	0,954—0,996	—	190	35—48
Myrikawachs	0.980—0,995	—	205—217	2—4
Obstkernöle	—	—	188—196	103—121
Olein (Fettsäure)	0,897—0,902	—	190—202	bis 86
Olivenöl	0,914—0,920	95,4	189—193	80—88
Palmkernöl	0,952	—	241—250	10—18
Palmöl	0,945	95.6	196—207	51—58

der Öle und Fette (Fortsetzung)

R.M.Z.	J.Z. der ungesättigten Fettsäuren	Erstarrungspunkt der Fettsäuren	Schmelzpunkt der Fettsäuren	Äußere Beschaffenheit	Bemerkungen
—	—	—	35–39°	hellgelb bis braun	enthält meist viel freie Fetts.
1,6	—	38–40	—	gelb, fest	Desgl.
—	—	17	—	hellgelb	Speiseöl
24–34	—	38–45	33–38	gelb, weich	P.Z. 1,5–3,5
—	—	—	53–57	weiß, hart	—
—	—	—	—	weiß	Leimfett
0,5–1,6	111–123	27–35	22–32	hellgelb	—
—	—	—	—	dunkelgelb	halbtrocknend
—	—	19	14–16	grüngelb	trocknend
1,54	—	15–20	—	hell	leicht ranzig
—	—	31	—	hellgelb	trocknend
—	—	53–56	—	grünlichgelb hart	viel freie Fettsäuren
0,6	—	—	—	gelb	—
—	—	—	30–35	weiß	—
3,3	—	23–24	—	grünlichgelb	—
—	—	—	—	—	Schmelzpunkt 83–91
—	—	—	—	—	trocknend
—	—	26	—	hellgelb	—
—	—	—	40	gelbbraun	1 % Asche
6–8,5	—	24–27	16–23	weiß, fest	P.Z. 16,8–18,2
0,4–0,6	142–152	34–43	32–35	hellgelb	halbtrocknend
—	165,4	13–14	—	goldgelb	halbtrocknend
0,2–0,9	190–210	13	13–21	gelb	trocknend
—	—	—	—	grünlich	—
0,33	—	18–20	—	hellgelb	halbtrocknend
—	—	—	—	hellgelb	—
—	145–155	20–21	15–16	hellgelb	trocknend
—	—	—	—	—	Schmelzpunkt 85°
—	—	—	—	rötlich, fest	—
—	—	—	—	grünlich, fest	—
—	—	—	—	hell	trocknend
—	—	—	—	dunkel	S.Z. bis 190
0,3–1,5	93–104	24–27	21–25	hellgelb	—
4–7	—	20–26	21	weiß, fest	P.Z. 8,5–11
0,3–1	—	36–45	43	gelb, fest	stark sauer

Tabelle der Kennzahlen

Bezeichnung	Spez. Gew. bei 15°	H. Z.	V. Z.	J. Z.
Perillaöl	0,934	95	189—190	206
Pferdefett	0,919	94,5	195—197	75—86
Pflaumenkernöl . .	—	—	188—198	103—121
Pineytalg	—	—	192	—
Reisöl	0,924—0,929	94,5	189—190	91—92
Rizinusöl	0,960—0,973	94	176—183	82—88
Rüböl	0,911—0,918	94,8	168—179	94—106
Schweinefett . . .	0,931—0.938	95,8—96,1	193—198	46—77
Senföl (weiß) . . .	0,913—0,916	—	170—174	92—98
Senföl (schwarz) .	0,916—0,917	—	173—175	103—110
Sesamöl	0,921—0,924	95.6	187—193	103—112
Sheabutter	0,917	94,7	180—190	56—67
Sojabohnenöl . . .	0,925—0,926	95,8—96	191—194	130—135
Sonnenblumenöl .	0,924—0.926	94,8—95,5	190—194	122—135
Stearinsäure . . .	—	—	212	5
Stillingiatalg . . .	0,915—0,918	93,5	180—205	20—35
Sulforöl	—	—	170—180	—
Tabaksamenöl . .	0,923	94	190	117—118
Talg — Hammel .	0,937—0,953	95,5	193—198	32—46
Talg — Rinder . .	0,943—0,953	95,5—96	192—198	35—46
Tran — Dorsch . .	0,922—0,930	95,5	175—213	123—168
Tran — Robben .	0,915—0,930	95,5	178—196	91—152
Tran — Walfisch .	0,925—0,927	95,5	188—224	81—130
Wachs — Bienen .	0,962—0,975	—	87—99	7—12
Walnußöl	0,925—0,927	95,4	190—197	143—152
Walrat	0,960	—	123—134	3,8—4
Wollfett	0,973	—	98—102	10,6—28,9

der Öle und Fette (Fortsetzung)

R.M.Z.	J. Z. der ungesättigten Fettsäuren	Erstarrungspunkt der Fettsäuren	Schmelzpunkt der Fettsäuren	Äußere Beschaffenheit	Bemerkungen
—	—	—	—	hellgelb	trocknend
—	—	32—34	34	gelb	—
—	—	—	—	hellgelb	halbtrocknend
—	—	54,8	—	grünlichgelb	im Licht bleichend
1,1	36	—	—	—	—
1,1	—	2—3	—	farblos	A.Z. bis 150
0,2—0,7	121—126	12	—	hellgelb	halbtrocknend
0,3—0,9	89—116	35—47	34—42	weiß, weich	—
—	—	15—16	—	—	halbtrocknend
—	—	15—17	—	—	halbtrocknend
0,2—0,5	126—136	20—24	20	hellgelb	halbtrocknend
—	—	—	55	grauweiß	—
0,45-0,69	—	16—24	22	gelblich	—
—	—	17—18	—	gelblich	trocknend
—	—	—	—	weiß, hart	S.Z. 212
—	—	—	—	grünlich, fest	—
—	—	—	—	—	—
—	—	—	—	—	—
0,1—0,6	89—92,4	41—47	39—47	weiß, fest	—
0,1—0,2	92,7	41—57	39—52	fest	—
} oft	—	—	—	braun	—
} sehr	21—25	—	—	braun	—
} hoch	—	—	—	braun	—
—	—	—	—	gelb, fest	S.Z. 17—21
0.1	167	18—20	16	gelb	trocknend
—	—	—	—	weiß, blättrig	—
—	—	41,8	40	hellbraun, fest	—

Tabelle weiterer Kennzahlen

Bezeichnung	Kirchner-zahl	Manley-Zahl	A-Zahl	B-Zahl	Butter-säure-zahl	Kapryl-säure zahl
Butterfett .	14—18	20,5	6,7	33,4	26,3	4,8
Margarine .	—	0,51	—	—	—	—
Kokosöl . .	0,7—0,S	—	27,7	2,75	0,9	19,8
Palmkernöl	0,4—0,6	—	—	—	—	29
Babassufett	—	—	—	—	—	17,4
Rüböl . . .	0,1—0,2	—	0,6	0,6	—	—
Olivenöl .	0,1—0,2	—	—	0,6	0,6	—
Kottonöl .	0,1—0,2	—	0,6	0,6	—	—
Sojaöl . .	0,1—0,2	—	0,6	0,6	—	—
Leinöl . .	0,1—0,2	—	0,6	0,49	—	—
Schmalz . .	0,1—0,2	—	0,6	0,6	—	—

Tabelle weiterer Kennzahlen (Fortsetzung)

Bezeichnung	Laurin-säurezahl	Jod-hydroxyl-zahl	Part. Jodzahl	Xylolzahl	Methanol-zahl
Butterfett .	5—18	—	20,7	19,3—25,8	—
Margarine .	—	—	—	—	—
Kokosöl . .	111—138	7,72	8,4	1,22	—
Palmkernöl	111—138	11,8	12,9	0,95	—
Babassuöl .	—	—	15,2	—	—
Rüböl . .	—	98	79.7	0,9—1,1	—
Olivenöl . .	—	84,7—85	—	—	2,08—2,22
Kottonöl . .	—	—	—	—	2,86—3,04
Sojaöl . .	—	128,1	—	—	3,4 —3,78
Leinöl . .	—	170,6—171	—	—	5,18—5,28
Schmalz . .	—	—	—	—	—

Namenregister

Sachregister

GESAMTVERZEICHNIS

der

SAMMLUNG GÖSCHEN

Jeder Band DM 3,60 · Doppelband DM 5,80

Herbst 1960

WALTER DE GRUYTER & CO., BERLIN W 35

Inhaltsübersicht

Geisteswissenschaften

Philosophie

Einführung in die Philosophie von *H. Leisegang †*. 4. Auflage. 145 Seiten. 1960. (281)

Hauptprobleme der Philosophie von *G. Simmel †*. 7., unveränderte Auflage. 177 Seiten. 1950. (500)

Geschichte der Philosophie

I: Die griechische Philosophie von *W. Capelle*. 1. Teil. Von Thales bis Leukippos. 2., erweiterte Auflage. 135 Seiten. 1953. (857)

II: Die griechische Philosophie von *W. Capelle*. 2. Teil. Von der Sophistik bis zum Tode Platons. 2., stark erweiterte Auflage. 144 Seiten. 1953. (858)

III: Die griechische Philosophie von *W. Capelle*. 3. Teil. Vom Tode Platons bis zur Alten Stoa. 2., stark erweiterte Auflage. 132 Seiten. 1954. (859)

IV: Die griechische Philosophie von *W. Capelle*. 4. Teil. Von der Alten Stoa bis zum Eklektizismus im 1. Jh. v. Chr. 2., stark erweiterte Auflage. 132 Seiten. 1954. (863)

V: Die Philosophie des Mittelalters von *J. Koch*. In Vorbereitung. (826)

VI: Von der Renaissance bis Kant von *K. Schilling*. 234 Seiten. 1954. (394/394 a)

VII: Immanuel Kant von *G. Lehmann*. In Vorbereitung. (536)

VIII: Die Philosophie des 19. Jahrhunderts von *G. Lehmann*. 1. Teil. 151 Seiten. 1953. (571)

IX: Die Philosophie des 19. Jahrhunderts von *G. Lehmann*. 2. Teil. 168 Seiten. 1953. (709)

X: Die Philosophie im ersten Drittel des 20. Jahrhunderts 1. Teil von *G. Lehmann*. 128 Seiten. 1957. (845)

XI: Die Philosophie im ersten Drittel des 20. Jahrhunderts 2. Teil von *G. Lehmann*. 114 Seiten. 1960. (850)

Die geistige Situation der Zeit (1931) von *K. Jaspers*. 5., unveränderter Abdruck der im Sommer 1932 bearbeiteten 5. Auflage. 211 Seiten. 1960. (1000)

Erkenntnistheorie von *G. Kropp*.
I. Teil: Allgemeine Grundlegung. 143 Seiten. 1950. (807)

Formale Logik von *P. Lorenzen*. 165 Seiten. 1958. (1176/1176 a)

Philosophisches Wörterbuch von *M. Apel †*. 5., völlig neubearbeitete Auflage von *P. Ludz*. 315 Seiten. 1958. (1031/1031 a)

Philosophische Anthropologie. Menschliche Selbstdeutung in Geschichte und Gegenwart von *M. Landmann*. 266 Seiten. 1955. (156/156 a)

Pädagogik, Psychologie, Soziologie

Geschichte der Pädagogik von *Herm. Weimer*. 14., durchgesehene und vermehrte Auflage von *Heinz Weimer*. 178 Seiten. 1960. (145)

Therapeutische Psychologie. Ihr Weg durch die Psychoanalyse von *W. M. Kranefeldt*. Mit einer Einführung von *C. G. Jung*. 3. Auflage. 152 Seiten. 1956. (1034)

Allgemeine Psychologie von *Th. Erismann*. 3 Bände. 2., neubearbeitete Auflage.
I: Grundprobleme. 146 Seiten. 1958. (831)
II: Grundarten des physischen Geschehens. 248 Seiten. 1959. (832/832a)
III: Psychologie der Persönlichkeit. In Vorbereitung (833)

Soziologie. Geschichte und Hauptprobleme von *L. von Wiese*. 6. Auflage. 175 Seiten. 1960. (101)

Sozialpsychologie von *P. R. Hofstätter*. 181 Seiten, 15 Abbildungen, 22 Tabellen. 1956. (104/104a)

Psychologie des Berufs- und Wirtschaftslebens von *W. Moede †*. 190 Seiten, 48 Abbildungen. 1958. (851/851a)

Industrie- und Betriebssoziologie von *R. Dahrendorf*. 120 Seiten. 1956. (103)

Religionswissenschaften

Jesus von *M. Dibelius †*. 3. Auflage, mit einem Nachtrag von *W. G. Kümmel*. 140 Seiten. 1960. (1130)

Paulus von *M. Dibelius †*. Nach dem Tode des Verfassers herausgegeben und zu Ende geführt von *W. G. Kümmel*. 2., durchgesehene Auflage. 155 Seiten. 1956. (1160)

Luther von *F. Lau*. 151 Seiten. 1959. (1187)

Melanchthon von *R. Stupperich*. 139 Seiten. 1960. (1190)

Geschichte Israels. Von den Anfängen bis zur Zerstörung des Tempels (70 n. Chr.) von *E. L. Ehrlich*. 158 Seiten, 1 Tafel. 1958. (231/231a)

Römische Religionsgeschichte von *F. Altheim*. 2 Bände. 2., umgearbeitete Auflage.
I: Grundlagen und Grundbegriffe. 116 Seiten. 1956. (1035)
II: Der geschichtliche Ablauf. 164 Seiten. 1956. (1052)

Musik

Musikästhetik von *H. J. Moser*. 180 Seiten. Mit zahlreichen Notenbeispielen. 1953. (344)

Systematische Modulation von *R. Hernried*. 2. Auflage. 136 Seiten. Mit zahlreichen Notenbeispielen. 1950. (1094)

Der polyphone Satz von *E. Pepping*. 2 Bände.
I: Der cantus-firmus-Satz. 2. Auflage. 223 Seiten. Mit zahlreichen Notenbeispielen. 1950. (1148)
II: Übungen im doppelten Kontrapunkt und im Kanon. 137 Seiten. Mit zahlreichen Notenbeispielen. 1957. (1164/1164a)

Allgemeine Musiklehre von *H. J. Moser*. 2., durchgesehene Auflage. 155 Seiten. Mit zahlreichen Notenbeispielen. 1955. (220/220a)

Harmonielehre von *H. J. Moser*. 2 Bände.
I: 109 Seiten. Mit 120 Notenbeispielen. 1954. (809)

Die Musik des 19. Jahrhunderts von *W. Oehlmann*. 180 Seiten. 1953. (170)

Die Musik des 20. Jahrhunderts von *W. Oehlmann*. In Vorbereitung. (171/171a)

Technik der deutschen Gesangskunst von *H. J. Moser*. 3., durchgesehene und verbesserte Auflage. 144 Seiten, 5 Figuren sowie Tabellen und Notenbeispiele. 1954. (576/576a)

Die Kunst des Dirigierens von *H. W. von Waltershausen †*. 2., vermehrte Auflage. 138 Seiten. Mit 19 Notenbeispielen. 1954. (1147)

Die Technik des Klavierspiels aus dem Geiste des musikalischen Kunstwerkes von *K. Schubert †*. 3. Auflage. 110 Seiten. Mit Notenbeispielen. 1954. (1045)

Kunst

Stilkunde von *H. Weigert*. 2 Bände. 3., durchgesehene und ergänzte Auflage.

I: Vorzeit, Antike, Mittelalter. 136 Seiten, 94 Abbildungen. 1958. (80)

II: Spätmittelalter und Neuzeit. 150 Seiten, 88 Abbildungen. 1958. (781)

Archäologie von *A. Rumpf*. 2 Bände.

I: Einleitung, historischer Überblick. 143 Seiten, 6 Abbildungen, 12 Tafeln. 1953. (538)

II: Die Archäologensprache. Die antiken Reproduktionen. 136 Seiten, 7 Abbildungen, 12 Tafeln. 1956. (539)

Geschichte

Einführung in die Geschichtswissenschaft von *P. Kirn*. 3., durchgesehene Auflage. 128 Seiten. 1959. (270)

Zeitrechnung der römischen Kaiserzeit, des Mittelalters und der Neuzeit für die Jahre 1—2000 n. Chr. von *H. Lietzmann †*. 3. Auflage, durchgesehen von *K. Aland*. 130 Seiten. 1956. (1085)

Kultur der Urzeit von *F. Behn*. 3 Bände. 4. Auflage der Kultur der Urzeit Bd. 1—3 von *M. Hoernes*.

I: Die vormetallischen Kulturen. (Die Steinzeiten Europas. Gleichartige Kulturen in anderen Erdteilen.) 172 Seiten, 48 Abbildungen. 1950. (564)

II: Die älteren Metallkulturen. (Der Beginn der Metallbenutzung. Kupfer- und Bronzezeit in Europa, im Orient und in Amerika.) 160 Seiten, 67 Abbildungen 1950. (565)

III: Die jüngeren Metallkulturen. (Das Eisen als Kulturmetall, Hallstatt-Latène-Kultur in Europa. Das erste Auftreten des Eisens in den anderen Weltteilen.) 149 Seiten, 60 Abbildungen. 1950. (566)

Vorgeschichte Europas von *F. Behn*. Völlig neue Bearbeitung der 7. Auflage der „Urgeschichte der Menschheit" von *M. Hoernes*. 125 Seiten, 47 Abbildungen. 1949. (42)

Der Eintritt der Germanen in die Geschichte von *J. Haller †*. 3. Auflage, durchgesehen von *H. Dannenbauer*. 120 Seiten, 6 Kartenskizzen. 1957. (1117)

Von den Karolingern zu den Staufern. Die altdeutsche Kaiserzeit (900—1250) von *J. Haller †*. 4., durchgesehene Auflage von *H. Dannenbauer*. 142 Seiten, 4 Karten. 1958. (1065)

Von den Staufern zu den Habsburgern. Auflösung des Reichs und Emporkommen der Landesstaaten (1250—1519) von *J. Haller †*. 2., durchgesehene Auflage von *H. Dannenbauer*. 118 Seiten, 6 Kartenskizzen. 1960. (1077)

Deutsche Geschichte im Zeitalter der Reformation, der Gegenreformation und des dreißigjährigen Krieges von *F. Hartung*. 129 Seiten. 1951. (1105)

Deutsche Geschichte von 1648—1740. Politischer und geistiger Wiederaufbau von *W. Treue*. 120 Seiten. 1956. (35)

Deutsche Geschichte von 1713—1806 von *W. Treue*. 168 Seiten. 1957. (39)

Deutsche Geschichte von 1807—1890 von *W. Treue*. 1960. 125 Seiten. (893)

Deutsche Geschichte von 1890 bis zur Gegenwart von *W. Treue*. In Vorbereitung. (894)

Quellenkunde der Deutschen Geschichte im Mittelalter (bis zur Mitte des 15. Jahrhunderts) von *K. Jacob †*. 3 Bände.
- I: Einleitung. Allgemeiner Teil. Die Zeit der Karolinger. 6. Auflage, bearbeitet von *H. Hohenleutner*. 127 Seiten. 1959. (279)
- II: Die Kaiserzeit (911—1250). 5., neubearbeitete Auflage von *H. Hohenleutner*. 127 Seiten.1960. (280)
- III: Das Spätmittelalter (vom Interregnum bis 1500). Herausgegeben von *F. Weden*. 152 Seiten. 1952. (284)

Geschichte Englands von *H. Preller*. 2 Bände.
- I: bis 1815. 3., stark umgearbeitete Auflage. 135 Seiten, 7 Stammtafeln, 2 Karten. 1952. (375)
- II: Von 1815 bis 1910. 2., völlig umgearbeitete Auflage. 118 Seiten, 1 Stammtafel, 7 Karten. 1954. (1088)

Römische Geschichte von *F. Altheim*. 4 Bände. 2., verbesserte Auflage.
- I: Bis zur Schlacht bei Pydna (168 v. Chr.). 124 Seiten. 1956. (19)
- II: Bis zur Schlacht bei Actium (31 v. Chr.). 129 Seiten. 1956. (677)
- III: Bis zur Schlacht an der Milvischen Brücke (312 n. Chr.). 148 Seiten. 1958. (679)
- IV: Bis zur Schlacht am Yarmuk (636 n. Chr.). In Vorbereitung. (684)

Geschichte der Vereinigten Staaten von Amerika von *O. Graf zu Stolberg-Wernigerode*. 192 Seiten, 10 Karten. 1956. (1051/1051a)

Deutsche Sprache und Literatur

Geschichte der Deutschen Sprache von *H. Sperber*. 3. Auflage, besorgt von *W. Fleischhauer*. 128 Seiten. 1958. (915)

Deutsches Rechtschreibungswörterbuch von *M. Gottschald †*. 2., verbesserte Auflage. 219 Seiten. 1953. (200/200a)

Deutsche Wortkunde. Kulturgeschichte des deutschen Wortschatzes von *A. Schirmer*. 4. Auflage von *W. Mitzka*. 123 Seiten. 1960. (929)

Deutsche Sprachlehre von *W. Hofstaetter*. 10. Auflage. Völlige Umarbeitung der 8. Auflage. 150 Seiten. 1960. (20)

Stimmkunde für Beruf, Kunst und Heilzwecke von *H. Biehle*. 111 Seiten. 1955. (60)

Redetechnik. Einführung in die Rhetorik von *H. Biehle*. 115 Seiten. 1954. (61)

Sprechen und Sprachpflege (Die Kunst des Sprechens) von *H. Feist*. 2., verbesserte Auflage. 99 Seiten, 25 Abbildungen. 1952. (1122)

Deutsches Dichten und Denken von der germanischen bis zur staufischen Zeit von *H. Naumann †*. (Deutsche Literaturgeschichte vom 5.—13. Jahrhundert.) 2., verbesserte Auflage. 166 Seiten. 1952. (1121)

Deutsches Dichten und Denken vom Mittelalter zur Neuzeit von *G. Müller* (1270 bis 1700). 2., durchgesehene Auflage. 159 Seiten. 1949. (1086)

Deutsches Dichten und Denken von der Aufklärung bis zum Realismus (Deutsche Literaturgeschichte von 1700—1890) von *K. Viëtor †*. 3., durchgesehene Auflage. 159 Seiten. 1958. (1096)

Der Nibelunge Nôt in Auswahl mit kurzem Wörterbuch von *K. Langosch*. 10., durchgesehene Auflage. 164 Seiten. 1956. (1)

Kudrun und Dietrich-Epen in Auswahl mit Wörterbuch von *O. L. Jiriczek*. 6. Auflage, bearbeitet von *R. Wisniewski*. 173 Seiten. 1957. (10)

Wolfram von Eschenbach. Parzival. Eine Auswahl mit Anmerkungen und Wörterbuch von *H. Jantzen*. 2. Auflage, bearbeitet von *H. Kolb*. 128 Seiten. 1957. (921)

Hartmann von Aue. Der arme Heinrich nebst einer Auswahl aus der „Klage", dem „Gregorius" und den Liedern (mit einem Wörterverzeichnis) herausgegeben von *F. Maurer*. 96 Seiten. 1958. (18)

Gottfried von Strassburg in Auswahl herausgegeben von *F. Maurer*. 142 Seiten. 1959. (22)

Die deutschen Personennamen von *M. Gottschald †*. 2., verbesserte Auflage. 151 Seiten. 1955. (422)

Althochdeutsches Elementarbuch. Grammatik und Texte von *H. Naumann †* und *W. Betz*. 2., verbesserte und vermehrte Auflage. 156 Seiten. 1954. (1111)

Mittelhochdeutsche Grammatik von *H. de Boor* und *R. Wisniewski*. 2., verbesserte und ergänzte Auflage. 142 Seiten. 1960. (1108)

Indogermanisch, Germanisch

Indogermanische Sprachwissenschaft von *H. Krahe*. 2 Bände. 3., neubearbeitete Auflage.

I: Einleitung und Lautlehre. 106 Seiten. 1958. (59)

II: Formenlehre. 124 Seiten. 1959. (64)

Gotisches Elementarbuch. Grammatik, Texte mit Übersetzung und Erläuterungen. Mit einer Einleitung von *H. Hempel*. 2., umgearbeitete Auflage. 165 Seiten. 1953. (79)

Germanische Sprachwissenschaft von *H. Krahe*. 2 Bände.

I: Einleitung und Lautlehre. 4., überarbeitete Auflage. 147 Seiten. 1960. (238)

II: Formenlehre. 3., neubearbeitete Auflage. 149 Seiten. 1957. (780)

Altnordisches Elementarbuch. Schrift, Sprache, Texte mit Übersetzung und Wörterbuch von *F. Ranke*. 2., durchgesehene Auflage. 146 Seiten. 1949. (1115)

Englisch, Romanisch

Altenglisches Elementarbuch von *M. Lehnert*. Einführung, Grammatik, Texte mit Übersetzung und Wörterbuch. 4., verbesserte Auflage. 178 Seiten. 1959. (1125)

Historische neuenglische Laut- und Formenlehre von *E. Ekwall*. 3., durchgesehene Auflage. 150 Seiten. 1956. (735)

Englische Phonetik von *H. Mutschmann †*. 117 Seiten. 1956. (601)

Englische Literaturgeschichte von *F. Schubel*. 4 Bände.

I: Die alt- und mittelenglische Periode. 163 Seiten. 1954. (1114)

II: Von der Renaissance bis zur Aufklärung. 160 Seiten. 1956. (1116)

III: Romantik und Viktorianismus. 160 Seiten. 1960. (1124)

Beowulf von *M. Lehnert*. Eine Auswahl mit Einführung, teilweiser Übersetzung, Anmerkungen und etymologischem Wörterbuch. 3., verbesserte Auflage. 135 Seiten. 1959. (1135)

Shakespeare von *P. Meißner †*. 2. Auflage, neubearbeitet von *M. Lehnert*. 136 Seiten. 1954. (1142)
Italienische Literaturgeschichte von *K. Voßler †*. 5. Auflage, neubearbeitet von *A. Noyer-Weidner*. In Vorbereitung. (125)
Geschichte der römischen Literatur von *L. Bieler*. 2 Bände.
I: Die Literatur der Republik. 152 Seiten. 1960. (52)
II: Die Literatur der Kaiserzeit. 125 Seiten. 1960. (866)
Romanische Sprachwissenschaft von *H. Lausberg*. 2 Bände.
I: Einleitung und Vokalismus. 160 Seiten. 1956. (128/128a)
II: Konsonantismus. 95 Seiten. 1956. (250)

Griechisch, Lateinisch

Griechische Sprachwissenschaft von *W. Brandenstein*. 2 Bände.
I: Einleitung, Lautsystem, Etymologie. 160 Seiten. 1954. (117)
II: Wortbildung und Formenlehre. 192 Seiten. 1959. (118/118a)
Geschichte der griechischen Sprache. 2 Bände.
I: Bis zum Ausgang der klassischen Zeit von *O. Hoffmann †*. 3. Auflage, bearbeitet von *A. Debrunner †*. 156 Seiten. 1953. (111)
II: Grundfragen und Grundzüge des nachklassischen Griechisch von *A. Debrunner †*. 144 Seiten. 1954. (114)
Grammatik der neugriechischen Volkssprache von *J. Kalitsunakis*. 3., völlig neubearbeitete und erweiterte Auflage. 1961. In Vorbereitung. (756/756a)
Neugriechisch-deutsches Gesprächsbuch von *J. Kalitsunakis*. 2. Auflage, bearbeitet von *A. Steinmetz*. 99 Seiten. 1960. (587)
Geschichte der lateinischen Sprache von *F. Stolz †*. 3., stark umgearbeitete Auflage von *A. Debrunner †*. 136 Seiten. 1953. (492)

Hebräisch, Sanskrit, Russisch

Hebräische Grammatik von *G. Beer †*. 2 Bände. 2., völlig neubearbeitete Auflage von *R. Meyer*.
I: Schrift-, Laut- und Formenlehre I. 157 Seiten. 1952. (763/763a)
II: Formenlehre II. Syntax und Flexionstabellen. 195 Seiten. 1955. (764/764a)
Hebräisches Textbuch zu *G. Beer-R. Meyer*, Hebräische Grammatik von *R. Meyer*. 170 Seiten. 1960. (769/769a)
Sanskrit-Grammatik von *M. Mayrhofer*. 89 Seiten. 1953. (1158)
Russische Grammatik von *E. Berneker †*. 6., unveränderte Auflage von *M. Vasmer*. 155 Seiten. 1947. (66)
Einführung in die slavische Sprachwissenschaft von *H. Bräuer*. 2 Bände.
I: Einleitung und Lautlehre. 1960 In Vorbereitung (1191)

Erd- und Länderkunde

Afrika von *F. Jaeger*. Ein geographischer Überblick. 2 Bände. 2., umgearbeitete Auflage.
I: Der Lebensraum. 179 Seiten, 18 Abbildungen. 1954. (910)
II: Mensch und Kultur. 155 Seiten, 6 Abbildungen. 1954. (911)
Australien und Ozeanien von *H. J. Krug*. 176 Seiten, 46 Skizzen. 1953. (319)

Volkswirtschaft, Statistik, Publizistik

Allgemeine Betriebswirtschaftslehre von *K. Mellerowicz*. 4 Bände. 10., erweiterte und veränderte Auflage.
I: 224 Seiten. 1958. (1008/1008a) II: 188 Seiten. 1959. (1153/1153a)
III: 260 Seiten. 1959. (1154/1154a) IV: 209 Seiten. 1959. (1186/1186a)
Diese 4 Bände sind auch in Ganzleinen gebunden zum Preise von je DM 6,30 lieferbar.

Allgemeine Volkswirtschaftslehre von *A. Paulsen*. 4 Bände.
I: Grundlegung, Wirtschaftskreislauf. 3., durchgesehene und ergänzte Auflage. 148 Seiten. 1959. (1169)
II: Haushalte, Unternehmungen, Marktformen. 3., neubearbeitete Auflage. 166 Seiten, 32 Abbildungen. 1960. (1170)
III: Produktionsfaktoren. 190 Seiten. 1959. (1171)
IV: Gesamtbeschäftigung, Konjunkturen, Wachstum. 172 Seiten. 1960. (1172)

Finanzwissenschaft von *H. Kolms*. 4 Bände.
I: Grundlegung, Öffentliche Ausgaben. 160 Seiten. 1959. (148)
II: Erwerbseinkünfte, Gebühren und Beiträge; Allgemeine Steuerlehre. 148 Seiten. 1960. (391)
III: Besondere Steuerlehre. In Vorbereitung. (776)
IV: Öffentlicher Kredit. Haushaltswesen. Finanzausgleich. In Vorbereitung. (782)

Finanzmathematik von *M. Nicolas*. 192 Seiten, 11 Tafeln, 8 Tabellen und 72 Beispiele. 1959. (1183/1183a)

Industrie- und Betriebssoziologie von *R. Dahrendorf*. 120 Seiten. 1956. (103)

Wirtschaftssoziologie von *F. Fürstenberg*. 1960. In Vorbereitung (1193)

Psychologie des Berufs- und Wirtschaftslebens von *W. Moede †*. 190 Seiten, 48 Abbildungen. 1958. (851/851a)

Allgemeine Methodenlehre der Statistik von *J. Pfanzagl*. 2 Bände.
I: Elementare Methoden unter besonderer Berücksichtigung der Anwendungen in den Wirtschafts- und Sozialwissenschaften. 205 Seiten, 35 Abbildungen. 1960. (746/746a)
II: Höhere Methoden unter besonderer Berücksichtigung der Anwendungen in Naturwissenschaft, Medizin und Technik. In Vorbereitung. (747/747a)

Zeitungslehre von *E. Dovifat*. 2 Bände. 3., neubearbeitete Auflage.
I: Theoretische und rechtliche Grundlagen — Nachricht und Meinung — Sprache und Form. 148 Seiten. 1955. (1039)
II: Redaktion — Die Sparten: Verlag und Vertrieb, Wirtschaft und Technik, Sicherung der öffentlichen Aufgabe. 158 Seiten. 1955. (1040)

Naturwissenschaften

Mathematik

Geschichte der Mathematik von *J. E. Hofmann*. 3 Bände.
I: Von den Anfängen bis zum Auftreten von Fermat und Descartes. 200 Seiten. 1953. (226)
II: Von Fermat und Descartes bis zur Erfindung des Calculus und bis zum Ausbau der neuen Methoden. 109 Seiten. 1957. (875)
III: Von den Auseinandersetzungen um den Calculus bis zur französischen Revolution. 107 Seiten. 1957. (882)

NATURWISSENSCHAFTEN

Mathematische Formelsammlung von *F. O. Ringleb.* 7., erweiterte Auflage. 320 Seiten, 40 Figuren. 1960. (51/51 a)

Vierstellige Tafeln und Gegentafeln für logarithmisches und trigonometrisches Rechnen in zwei Farben zusammengestellt von *H. Schubert* und *R. Haussner.* 2. Auflage. 156 Seiten. 1960. (81)

Fünfstellige Logarithmen von *A. Adler.* Mit mehreren graphischen Rechentafeln und häufig vorkommenden Zahlenwerten. 3. Auflage. 127 Seiten, 1 Tafel. 1959. (423)

Arithmetik von *P. B. Fischer †.* 3. Auflage von *H. Rohrbach.* 152 Seiten, 19 Abbildungen. 1958. (47)

Höhere Algebra von *H. Hasse.* 2 Bände. 4., durchgesehene Auflage.
I: Lineare Gleichungen. 152 Seiten. 1957. (931)
II: Gleichungen höheren Grades. 158 Seiten, 5 Figuren. 1958. (932)

Aufgabensammlung zur höheren Algebra von *H. Hasse* und *W. Klobe.* 2., verbesserte und vermehrte Auflage. 181 Seiten. 1952. (1082)

Elementare und klassische Algebra vom modernen Standpunkt von *W. Krull.* 2 Bände.
I: 2., erweiterte Auflage. 136 Seiten. 1952. (930)
II: 132 Seiten. 1959. (933)

Einführung in die Zahlentheorie von *A. Scholz †.* Überarbeitet und herausgegeben von *B. Schoeneberg.* 2. Auflage. 128 Seiten. 1955. (1131)

Formale Logik von *P. Lorenzen.* 165 Seiten. 1958. (1176/1176 a)

Topologie von *W. Franz.* 2 Bände.
I: Allgemeine (analytische) Topologie. 144 Seiten, 9 Figuren. 1960. (1181)

Elemente der Funktionentheorie von *K. Knopp †.* 5. Auflage. 144 Seiten, 23 Fig. 1959. (1109)

Funktionentheorie von *K. Knopp †.* 2 Bände.
I: Grundlagen der allgemeinen Theorie der analytischen Funktionen. 9., neubearbeitete Auflage. 144 Seiten, 8 Figuren. 1957. (668)
II: Anwendungen und Weiterführung der allgemeinen Theorie. 8./9. Auflage. 130 Seiten, 7 Figuren. 1955. (703)

Aufgabensammlung zur Funktionentheorie von *K. Knopp †.* 2 Bände. 5. Auflage.
I: Aufgaben zur elementaren Funktionentheorie. 135 Seiten. 1957. (877)
II: Aufgaben zur höheren Funktionentheorie. 144 Seiten. 1959. (878)

Differential- und Integralrechnung von *M. Barner.* (Früher *Witting*). 4 Bände.
I: Grenzwertbegriff, Differentialrechnung. 1960 In Vorbereitung. (86)

Gewöhnliche Differentialgleichungen von *G. Hoheisel.* 6., neubearbeitete und erweiterte Auflage. 128 Seiten. 1960. (920)

Partielle Differentialgleichungen von *G. Hoheisel.* 4., durchgesehene Auflage. 128 Seiten. 1960. (1003)

Aufgabensammlung zu den gewöhnlichen und partiellen Differentialgleichungen von *G. Hoheisel.* 3., durchgesehene und verbesserte Auflage. 124 Seiten. 1958. (1059)

Integralgleichungen von *G. Hoheisel.* 2., durchgesehene Auflage. 1961. In Vorbereitung. (1099)

Mengenlehre von *E. Kamke.* 3., neubearbeitete Auflage. 194 Seiten, 6 Figuren. 1955. (999/999 a)

Gruppentheorie von *L. Baumgartner.* 3., neubearbeitete Auflage. 110 Seiten, 3 Tafeln. 1958. (837)

Ebene und sphärische Trigonometrie von *G. Hessenberg* †. 5. Auflage, durchgesehen von *H. Kneser*. 172 Seiten, 60 Figuren. 1957. (99)

Darstellende Geometrie von *W. Haack*. 3 Bände.
I: Die wichtigsten Darstellungsmethoden. Grund- und Aufriß ebenflächiger Körper. 3., durchgesehene und ergänzte Auflage. 113 Seiten, 120 Abbildungen. 1960. (142)
II: Körper mit krummen Begrenzungsflächen. Kotierte Projektionen. 2., durchgesehene und ergänzte Auflage. 129 Seiten, 86 Abbildungen. 1959. (143)
III: Axonometrie und Perspektive. 127 Seiten, 100 Abbildungen. 1957. (144)

Analytische Geometrie von *K. P. Grotemeyer*. 202 Seiten, 73 Abbildungen. 1958. (65/65 a)

Nichteuklidische Geometrie. Hyperbolische Geometrie der Ebene von *R. Baldus* †. Durchgesehen und herausgegeben von *F. Löbell*. 3., verbesserte Auflage. 140 Seiten, 70 Figuren. 1953. (970)

Differentialgeometrie von *K. Strubecker* (früher *Rothe*). 3 Bände.
I: Kurventheorie der Ebene und des Raumes. 150 Seiten, 18 Figuren. 1955. (1113/1113 a)
II: Theorie der Flächenmetrik. 195 Seiten, 14 Figuren. 1958. (1179/1179 a)
III: Theorie der Flächenkrümmung. 254 Seiten, 38 Figuren. 1959. (1180/1180 a)

Variationsrechnung I von *L. Koschmieder*. 2., verbesserte Auflage. Mit 23 Figuren. 1960. In Vorbereitung. (1074)

Einführung in die konforme Abbildung von *L. Bieberbach*. 5., erweiterte Auflage. 180 Seiten, 42 Figuren. 1956. (768/768 a)

Vektoren und Matrizen von *S. Valentiner*. 2. Auflage. (9., erweiterte Auflage der „Vektoranalysis"). Mit Anhang: Aufgaben zur Vektorrechnung von *H. König*. 202 Seiten, 35 Figuren. 1960. (354/354 a)

Versicherungsmathematik von *F. Böhm*. 2 Bände.
I: Elemente der Versicherungsrechnung. 3., vermehrte und verbesserte Auflage. Durchgesehener Neudruck. 151 Seiten. 1953. (180)
II: Lebensversicherungsmathematik. Einführung in die technischen Grundlagen der Sozialversicherung. 2., verbesserte und vermehrte Auflage. 205 Seiten. 1953. (917/917 a)

Finanzmathematik von *M. Nicolas*. 192 Seiten, 11 Tafeln, 8 Tabellen und 72 Beispiele. 1959. (1183/1183 a)

Physik

Einführung in die theoretische Physik von *W. Döring*. 5 Bände.
I: Mechanik. 2., verbesserte Auflage. 123 Seiten, 25 Abbildungen. 1960. (76)
II: Das elektromagnetische Feld. 122 Seiten, 15 Abbildungen. 1955. (77)
III: Optik. 117 Seiten, 32 Abbildungen. 1956. (78)
IV: Thermodynamik. 107 Seiten, 9 Abbildungen. 1956. (374)
V: Statistische Mechanik. 114 Seiten, 12 Abbildungen. 1957. (1017)

Mechanik deformierbarer Körper von *M. Päsler*. 199 Seiten, 48 Abbildungen. 1960. (1189/1189 a)

Atomphysik von *K. Bechert* und *Ch. Gerthsen* †. 7 Bände.
I: Allgemeine Grundlagen. 1. Teil. 4., durchgesehene Auflage von *A. Flammersfeld*. 124 Seiten, 35 Abbildungen. 1959. (1009)
II: Allgemeine Grundlagen. 2. Teil. 4. Auflage. 1961. In Vorber. (1033)

III: Theorie des Atombaus. 1. Teil. 3., umgearbeitete Auflage. 148 Seiten, 16 Abbildungen. 1954. (1123/1123a)
IV: Theorie des Atombaus. 2. Teil. 3., umgearbeitete Auflage. 170 Seiten, 14 Abbildungen. 1954. (1165/1165a)
Differentialgleichungen der Physik von *F. Sauter*. 3., durchgesehene und ergänzte Auflage. 148 Seiten, 16 Figuren. 1958. (1070)
Physikalische Formelsammlung von *G.* u. *K. Mahler*. 11. Auflage, neubearbeitet von *H. Graewe*. 69 Figuren. 1960. In Vorbereitung (136)
Physikalische Aufgabensammlung von *G. Mahler †*. Neubearbeitet von *K. Mahler*. Mit den Ergebnissen. 10., durchgesehene Auflage. 127 Seiten. 1959. (243)

Chemie

Geschchte der Chemie in kurzgefaßter Darstellung von *G. Lockemann*. 2 Bände.
I: Vom Altertum bis zur Entdeckung des Sauerstoffs. 142 Seiten, 8 Bildnisse. 1950. (264)
II: Von der Entdeckung des Sauerstoffs bis zur Gegenwart. 151 Seiten, 16 Bildnisse. 1955. (265/265a)
Anorganische Chemie von *W. Klemm*. 11. Auflage. 185 Seiten, 18 Abbildungen. 1960. (37)
Organische Chemie von *W. Schlenk*. 8., erweiterte Auflage. 272 Seiten, 16 Abbildungen. 1960. (38/38a)
Physikalische Methoden der Organischen Chemie von *G. Kresze*. 1961. In Vorbereitung. (44)
Allgemeine und physikalische Chemie von *W. Schulze*. 2 Bände.
I: 5., durchgesehene Auflage. 139 Seiten, 10 Figuren. 1960. (71)
II: 4., neubearbeitete Auflage. 176 Seiten, 37 Figuren. 1956. (698/698a)
Molekülbau. Theoretische Grundlagen und Methoden der Strukturermittlung von *W. Schulze*. 123 Seiten, 43 Figuren. 1958. (786)
Physikalisch-chemische Rechenaufgaben von *E. Asmus*. 3., verbesserte Auflage. 96 Seiten. 1958. (445)
Maßanalyse. Theorie und Praxis der klassischen und der elektrochemischen Titrierverfahren von *G. Jander* und *K. F. Jahr*. 8., durchgesehene und ergänzte Auflage. 313 Seiten, 49 Figuren. 1959. (221/221a)
Qualitative Analyse von *H. Hofmann* u. *G. Jander*. 308 Seiten, 5 Abbildungen. 1960. (247/247a)
Thermochemie von *W. A. Roth †*. 2., verbesserte Auflage. 109 Seiten, 16 Figuren. 1952. (1057)
Stöchiometrische Aufgabensammlung von *W. Bahrdt †* und *R. Scheer*. Mit den Ergebnissen. 7., durchgesehene Auflage. 119 Seiten. 1960. (452)
Elektrochemie und ihre physikalisch-chemischen Grundlagen von *A. Dassler*. 2 Bände.
II: 178 Seiten, 17 Abbildungen. 1950. (253)

Technologie

Die Chemie der Kunststoffe von *K. Hamann*, unter Mitarbeit von *W. Funke* und *H. D. Hermann*. 143 Seiten. 1960. (1173)
Warenkunde von *K. Hassak* und *E. Beutel †*. 2 Bände.
I: Anorganische Waren sowie Kohle und Erdöl. 8. Auflage. Neubearbeitet von *A. Kutzelnigg*. 119 Seiten, 18 Figuren. 1958. (222)

II: Organische Waren. 8. Auflage. Vollständig neubearbeitet von *A. Kutzelnigg*. 157 Seiten, 32 Figuren. 1959. (223)

Die Fette und Öle von *K. Braun †*. 5., völlig neubearbeitete und verbesserte Auflage von *Th. Klug*. 145 Seiten. 1950. (335)

Die Seifenfabrikation von *K. Braun †*. 3., neubearbeitete und verbesserte Auflage von *Th. Klug*. 116 Seiten, 18 Abbildungen. 1953. (336)

Textilindustrie von *A. Blümcke*.
I: Spinnerei und Zwirnerei. 111 Seiten, 43 Abbildungen. 1954. (184)

Biologie

Einführung in die allgemeine Biologie und ihre philosophischen Grund- und Grenzfragen von *M. Hartmann*. 132 Seiten, 2 Abbildungen. 1956. (96)

Hormone von *G. Koller*. 2., neubearbeitete und erweiterte Auflage. 187 Seiten, 60 Abbildungen, 19 Tabellen. 1949. (1141)

Fortpflanzung im Tier- und Pflanzenreich von *J. Hämmerling*. 2., ergänzte Auflage. 135 Seiten, 101 Abbildungen. 1951. (1138)

Geschlecht und Geschlechtsbestimmung im Tier- und Pflanzenreich von *M. Hartmann*. 2., verbesserte Auflage. 116 Seiten, 61 Abbildungen, 7 Tabellen. 1951. (1127)

Symbiose der Tiere mit pflanzlichen Mikroorganismen von *P. Buchner*. 2., verbesserte und vermehrte Auflage. 130 Seiten, 121 Abbildungen. 1949. (1128)

Grundriß der Allgemeinen Mikrobiologie von *W.* u. *A. Schwartz*. 2 Bände. 2., verbesserte und ergänzte Auflage.
I: 147 Seiten, 25 Abbildungen. 1960. (1155)
II: 1960. In Vorbereitung. (1157)

Botanik

Entwicklungsgeschichte des Pflanzenreiches von *H. Heil*. 2. Auflage. 138 Seiten, 94 Abbildungen, 1 Tabelle. 1950. (1137)

Morphologie der Pflanzen von *L. Geitler*. 3., umgearbeitete Auflage. 126 Seiten, 114 Abbildungen. 1953. (141)

Pflanzengeographie von *L. Diels †*. 5., völlig neubearbeitete Auflage von *F. Mattick*. 195 Seiten, 2 Karten. 1958. (389/389a)

Die Laubhölzer. Kurzgefaßte Beschreibung der in Mitteleuropa gedeihenden Laubbäume und Sträucher von *F. W. Neger †* und *E. Münch †*. 3., durchgesehene Auflage, herausgegeben von *B. Huber*. 143 Seiten, 63 Figuren, 7 Tabellen. 1950. (718)

Die Nadelhölzer (Koniferen) und übrigen Gymnospermen von *F. W. Neger †* und *E. Münch †*. 4. Auflage, durchgesehen und ergänzt von *B. Huber*. 140 Seiten, 75 Figuren, 4 Tabellen, 3 Karten. 1952. (355)

Pflanzenzüchtung von *H. Kuckuck*. 2 Bände.
I: Grundzüge der Pflanzenzüchtung. 3., völlig umgearbeitete und erweiterte Auflage. 132 Seiten, 22 Abbildungen. 1952. (1134)
II: Spezielle gartenbauliche Pflanzenzüchtung (Züchtung von Gemüse, Obst und Blumen). 178 Seiten, 27 Abbildungen. 1957. (1178/1178a)

Zoologie

Entwicklungsphysiologie der Tiere von *F. Seidel*. 2 Bände.
I: Ei und Furchung. 126 Seiten, 29 Abbildungen. 1953. (1162)
II: Körpergrundgestalt und Organbildung. 159 Seiten, 42 Abbildungen 1953. (1163)

Das Tierreich

I: Einzeller, Protozoen von *E. Reichenow*. 115 Seiten, 59 Abbildungen. 1956. (444)
II: Schwämme und Hohltiere von *H. J. Hannemann*. 95 Seiten, 80 Abbildungen. 1956. (442)
III: Würmer. Platt-, Hohl-, Schnurwürmer, Kamptozoen, Ringelwürmer, Protracheaten, Bärtierchen, Zungenwürmer von *S. Jaeckel*. 114 Seiten, 36 Abbildungen. 1955. (439)
IV, 1: Krebse von *H. E. Gruner* und *K. Deckert*. 114 Seiten, 43 Abbildungen. 1956. (443)
IV, 2: Spinnentiere (Trilobitomorphen, Fühlerlose) und Tausendfüßler von *A. Kaestner*. 96 Seiten, 55 Abbildungen. 1955. (1161)
IV, 3: Insekten von *H. von Lengerken*. 128 Seiten, 58 Abbildungen. 1953. (594)
V: Weichtiere. Urmollusken, Schnecken, Muscheln und Kopffüßer von *S. Jaeckel*. 92 Seiten, 34 Abbildungen. 1954. (440)
VI: Stachelhäuter. Tentakulaten, Binnenatmer und Pfeilwürmer von *S. Jaeckel*. 100 Seiten, 46 Abbildungen. 1955. (441)
VII, 2: Fische von *D. Lüdemann*. 130 Seiten, 65 Abbildungen. 1955. (356)
VII, 3: Lurche (Chordatiere) von *K. Herter*. 143 Seiten, 129 Abbildungen. 1955. (847)
VII, 4: Kriechtiere (Chordatiere) von *K. Herter*. 200 Seiten, 142 Abbildungen. 1960. (447/447 a)
VII, 5: Vögel (Chordatiere) von *H.-A. Freye*. 156 Seiten, 69 Abbildungen. 1960. (869)
VII, 6: Säugetiere (Chordatiere) von *Th. Haltenorth*. In Vorbereitung. (282)

Land- und Forstwirtschaft

Landwirtschaftliche Tierzucht. Die Züchtung und Haltung der landwirtschaftlichen Nutztiere von *H. Vogel*. 139 Seiten, 11 Abbildungen. 1952. (228)

Kulturtechnische Bodenverbesserungen von *O. Fauser*. 2 Bände.
I: Allgemeines, Entwässerung. 5., verbesserte und vermehrte Auflage. 127 Seiten, 49 Abbildungen. 1959. (691)
II: Bewässerung, Ödlandkultur, Umlegung. 5., verbesserte und vermehrte Auflage. 1960. In Vorbereitung. (692)

Agrikulturchemie von *K. Scharrer*. 2 Bände.
I: Pflanzenernährung. 143 Seiten. 1953. (329)
II: Futtermittelkunde. 192 Seiten. 1956. (330/330 a)

Geologie, Mineralogie, Kristallographie

Mineral- und Erzlagerstättenkunde von *H. Huttenlocher †*. 2 Bände.
I: 128 Seiten, 34 Abbildungen. 1954. (1014)
II: 156 Seiten, 48 Abbildungen. 1954. (1015/1015 a)

Allgemeine Mineralogie. 10., erweiterte Auflage der „Mineralogie" von *R. Brauns †*, bearbeitet von *K. F. Chudoba*. 120 Seiten, 120 Figuren, 1 Tafel, 3 Tabellen. 1958. (29)

Spezielle Mineralogie. 10., erweiterte Auflage der „Mineralogie" von *R. Brauns †*, bearbeitet von *K. F. Chudoba*. 170 Seiten, 125 Figuren, 4 Tabellen. 1959. (31/31 a)

Petrographie (Gesteinskunde) von *W. Bruhns †*. Neubearbeitet von *P. Ramdohr*. 5., erweiterte Auflage. 141 Seiten, 10 Figuren. 1960. (173)

Kristallographie von *W. Bruhns †*. 5. Auflage, neubearbeitet von *P. Ramdohr*. 109 Seiten, 164 Abbildungen. 1958. (210)

Einführung in die Kristalloptik von *E. Buchwald*. 4., verbesserte Auflage. 138 Seiten, 121 Figuren. 1952. (619)

Lötrohrprobierkunde. Mineraldiagnose mit Lötrohr- und Tüpfelreaktion. Von *M. Henglein*. 3., verbesserte Auflage. 91 Seiten, 11 Figuren. 1949. (483)

Technik

Graphische Darstellung in Wissenschaft und Technik von *M. Pirani*. 3., erweiterte Auflage bearbeitet von *J. Fischer* unter Benutzung der von *I. Runge* besorgten 2. Auflage. 216 Seiten, 104 Abbildungen. 1957. (728/728 a)

Technische Tabellen und Formeln von *W. Müller*. 4., verbesserte und erweiterte Auflage von *E. Schulze*. 152 Seiten, 105 Figuren. 1951. (579)

Elektrotechnik

Grundlagen der allgemeinen Elektrotechnik von *O. Mohr*. 3 Bände.
I: Die drei Feldformen. 2. Auflage. In Vorbereitung. (196)
II: Die wichtigsten elektrischen und physikalischen Grunderscheinungen. 95 Seiten, 36 Abbildungen, 7 Tafeln. 1956. (197)
III: Schaltvorgänge, Widerstandsformen, Meßtechnik. 91 Seiten, 59 Abbildungen, 1 Tafel. 1956. (198)

Die Gleichstrommaschine von *K. Humburg*. 2 Bände. 2., durchgesehene Auflage.
I: 102 Seiten, 59 Abbildungen. 1956. (257)
II: 101 Seiten, 38 Abbildungen. 1956. (881)

Die synchrone Maschine von *K. Humburg*. Neudruck. 109 Seiten, 78 Abbildungen. 1951. (1146)

Induktionsmaschinen von *F. Unger*. 2., erweiterte Auflage. 142 Seiten, 49 Abbildungen. 1954. (1140)

Die komplexe Berechnung von Wechselstromschaltungen von *H. H. Meinke*. 2. Auflage. 180 Seiten, 120 Abbildungen. 1957. (1156/1156 a)

Theoretische Grundlagen zur Berechnung der Schaltgeräte von *F. Kesselring*. 3. Auflage. 144 Seiten, 92 Abbildungen. 1950. (711)

Einführung in die Technik selbsttätiger Regelungen von *W. zur Megede*. 176 Seiten, 86 Abbildungen. 1956. (714/714 a)

Elektromotorische Antriebe (Grundlagen für die Berechnung) von *A. Schwaiger*. 3., neubearbeitete Auflage. 96 Seiten, 34 Abbildungen. 1952. (827)

Überspannungen und Überspannungsschutz von *G. Frühauf*. Durchgesehener Neudruck. 122 Seiten, 98 Abbildungen. 1950. (1132)

Maschinenbau

Metallkunde von *H. Borchers*. 2 Bände.
I: Aufbau der Metalle und Legierungen. 4. Auflage. 120 Seiten, 90 Abbildungen, 2 Tabellen. 1959. (432)
II: Eigenschaften, Grundzüge der Form- und Zustandsgebung. 3. und 4. Auflage. 179 Seiten, 107 Abbildungen, 10 Tabellen. 1959. (433/433 a)

Die Werkstoffe des Maschinenbaues von *A. Thum †* und *C. M. v. Meysenbug*. 2 Bände.
I: Einführung in die Werkstoffprüfung. 2., neubearbeitete Auflage. 100 Seiten, 7 Tabellen, 56 Abbildungen. 1956. (476)
II: Die Konstruktionswerkstoffe. 132 Seiten, 40 Abbildungen. 1959. (936)

Dynamik von *W. Müller*. 2 Bände. 2., verbesserte Auflage.
I: Dynamik des Einzelkörpers. 128 Seiten, 48 Figuren. 1952. (902)
II: Systeme von starren Körpern. 102 Seiten, 41 Figuren. 1952. (903)

Technische Schwingungslehre von *L. Zipperer*. 2 Bände. 2., neubearbeitete Auflage.
I: Allgemeine Schwingungsgleichungen, einfache Schwinger. 120 Seiten, 101 Abbildungen. 1953. (953)
II: Torsionsschwingungen in Maschinenanlagen. 102 Seiten, 59 Abbildungen. 1955. (961/961 a)

Werkzeugmaschinen für Metallbearbeitung von *K. P. Matthes*. 2 Bände.
I: 100 Seiten, 27 Abbildungen, 11 Zahlentafeln, 1 Tafelanhang. 1954. (561)
II: Fertigungstechnische Grundlagen der neuzeitlichen Metallbearbeitung. 101 Seiten, 30 Abbildungen, 5 Tafeln. 1955. (562)

Transformatoren von *W. Schäfer*. 3., überarbeitete und ergänzte Auflage. 130 Seiten, 73 Abbildungen. 1957. (952)

Das Maschinenzeichnen mit Einführung in das Konstruieren von *W. Tochtermann*. 2 Bände. 4. Auflage.
I: Das Maschinenzeichnen. 156 Seiten, 75 Tafeln. 1950. (589)
II: Ausgeführte Konstruktionsbeispiele. 130 Seiten, 58 Tafeln. 1950. (590)

Die Maschinenelemente von *E. A. vom Ende*. 3., verbesserte Auflage. 166 Seiten, 175 Figuren, 9 Tafeln. 1956. (3/3 a)

Die Maschinen der Eisenhüttenwerke von *L. Engel*. 156 Seiten, 95 Abbildungen. 1957. (583/583 a)

Walzwerke von *H. Sedlaczek †* unter Mitarbeit von *F. Fischer* und *M. Buch*. 232 Seiten, 157 Abbildungen. 1958. (580/580 a)

Getriebelehre von *P. Grodzinski †*. 2 Bände.
I: Geometrische Grundlagen. 3. Auflage, durchgesehen von *G. Lechner*. 164 Seiten, 132 Figuren. 1960. (1061)

Gießereitechnik von *H. Jungbluth*. 2 Bände.
I: Eisengießerei. 126 Seiten, 44 Abbildungen. 1951. (1159)

Die Dampfkessel und Feuerungen einschließlich Hilfseinrichtungen in Theorie, Konstruktion und Berechnung von *W. Marcard* †. 2 Bände. 2. Auflage, neubearbeitet von *K. Beck*.
I: Die theoretischen Grundlagen, Wärme, Verbrennung, Wärmeübertragung. 150 Seiten, 42 Abbildungen, 16 Tabellen. 1951. (9)
II: Dampfkessel. 147 Seiten, 43 Abbildungen. 1952. (521)

Die Dampfturbinen. Ihre Wirkungsweise, Berechnung und Konstruktion von *C. Zietemann*. 3 Bände. 3., verbesserte Auflage.
I: Theorie der Dampfturbinen. 139 Seiten, 48 Abbildungen. 1955. (274)
II: Die Berechnung der Dampfturbinen und die Konstruktion der Einzelteile. 132 Seiten, 111 Abbildungen. 1956. (715)
III: Die Regelung der Dampfturbinen, die Bauarten, Turbinen für Sonderzwecke, Kondensationsanlagen. 126 Seiten, 90 Abbildungen. 1956. (716)

Verbrennungsmotoren von *W. Endres*. 3 Bände.
I: Überblick. Motor-Brennstoffe. Verbrennung im Motor allgemein, im Otto- und Diesel-Motor. 153 Seiten, 57 Abbildungen. 1958. (1076/1076a)
II: Die heutigen Typen der Verbrennungskraftmaschine. In Vorbereitung. (1184)
III: Die Einzelteile des Verbrennungsmotors. In Vorbereitung. (1185)

Autogenes Schweißen und Schneiden von *H. Niese*. 5. Auflage, neubearbeitet von *A. Küchler*. 136 Seiten, 71 Figuren. 1953. (499)

Die elektrischen Schweißverfahren von *H. Niese*. 2. Auflage, neubearbeitet von *H. Dienst*. 136 Seiten, 58 Abbildungen. 1955. (1020)

Die Hebezeuge. Entwurf von Winden und Kranen von *G. Tafel*. 2., verbesserte Auflage. 176 Seiten, 230 Figuren. 1954. (414/414a)

Wasserbau

Wasserkraftanlagen von *A. Ludin* unter Mitarbeit von *W. Borkenstein*. 2 Bände.
I: Planung, Grundlagen und Grundzüge. 124 Seiten, 60 Abbildungen. 1955. (665)
II: Anordnung und Ausbildung der Hauptbauwerke. 184 Seiten, 91 Abbildungen. 1958. (666/666a)

Verkehrswasserbau von *H. Dehnert*. 3 Bände.
I: Entwurfsgrundlagen, Flußregelungen. 103 Seiten, 52 Abbildungen. 1950. (585)
II: Flußkanalisierung und Schiffahrtskanäle. 94 Seiten, 60 Abbildungen. 1950. (597)
III: Schleusen und Hebewerke. 98 Seiten, 70 Abbildungen. 1950. (1152)

Wehr- und Stauanlagen von *H. Dehnert*. 134 Seiten, 90 Abbildungen. 1952. (965)

Talsperren von *F. Tölke*. 122 Seiten, 70 Abbildungen. 1953. (1044)

Hoch- und Tiefbau

Die wichtigsten Baustoffe des Hoch- und Tiefbaus von *O. Graf †*. 4., verbesserte Auflage. 131 Seiten, 63 Abbildungen. 1953. (984)

Baustoffverarbeitung und Baustellenprüfung des Betons von *A. Kleinlogel*. 2., neubearbeitete und erweiterte Auflage. 126 Seiten, 35 Abbildungen. 1951. (978)

Festigkeitslehre. 2 Bände.
- I: Elastizität, Plastizität und Festigkeit der Baustoffe und Bauteile von *W. Gehler †* und *W. Herberg*. Durchgesehener und erweiterter Neudruck. 159 Seiten, 118 Abbildungen. 1952. (1144)
- II: Formänderung, Platten, Stabilität und Bruchhypothesen von *W. Herberg* und *N. Dimitrov*. 187 Seiten, 94 Abbildungen. 1955. (1145/1145a)

Grundlagen des Stahlbetonbaus von *A. Troche*. 2., neubearbeitete und erweiterte Auflage. 208 Seiten, 75 Abbildungen, 17 Bemessungstafeln, 20 Rechenbeispiele. 1953. (1078)

Statik der Baukonstruktionen von *A. Teichmann*. 3 Bände.
- I: Grundlagen. 101 Seiten, 51 Abbildungen, 8 Formeltafeln. 1956. (119)
- II: Statisch bestimmte Stabwerke. 107 Seiten, 52 Abbildungen, 7 Tafeln. 1957. (120)
- III: Statisch unbestimmte Systeme. 112 Seiten, 34 Abbildungen, 7 Formeltafeln. 1958. (122)

Fenster, Türen, Tore aus Holz und Metall. Eine Anleitung zu ihrer guten Gestaltung, wirtschaftlichen Bemessung und handwerksgerechten Konstruktion von *W. Wickop †*. 4., überarbeitete und ergänzte Auflage. 155 Seiten, 95 Abbildungen. 1955. (1092)

Heizung und Lüftung von *W. Körting*. 2 Bände. 9., neubearbeitete Auflage.
- I: Das Wesen und die Berechnung der Heizungs- und Lüftungsanlagen. 1960. In Vorbereitung. (342)
- II: Die Ausführung der Heizungs- und Lüftungsanlagen. 1960. In Vorbereitung. (343)

Industrielle Kraft- und Wärmewirtschaft von *F. A. F. Schmidt* und *A. Beckers*. 167 Seiten, 73 Abbildungen. 1957. (318/318a)

Vermessungswesen

Vermessungskunde von *P. Werkmeister*. 3 Bände.
- I: Stückvermessung und Nivellieren. 10., völlig neubearbeitete Auflage von *W. Grossmann*. 143 Seiten, 117 Figuren. 1958. (468)
- II: Horizontalaufnahmen und ebene Rechnungen. 8., völlig neubearbeitete Auflage von *W. Grossmann*. 133 Seiten, 97 Figuren. 1959. (469)
- III: Trigonometrische und barometrische Höhenmessung. Tachymetrie und Absteckungen. 7., völlig neubearbeitete Auflage von *W. Grossmann*. 136 Seiten, 97 Figuren. 1960. (862)

Photogrammetrie von *G. Lehmann*. 189 Seiten, 132 Abbildungen. 1959. (1188/1188a)

Sammlung Göschen / Bandnummernfolge

1 Langosch, Der Nibelunge Nôt
3/3a v. Ende, Maschinenelemente
9 Marcard-Beck, Dampfkessel I
10 Jiriczek-Wisniewski, Kudrun- und Dietrich-Epen
18 Maurer, Hartmann von Aue. Der arme Heinrich
19 Altheim, Römische Geschichte I
20 Hofstaetter, Dt. Sprachlehre
22 Maurer, Gottfried von Strassburg
29 Brauns-Chudoba, Allg. Mineralog.
31/31a Brauns-Chudoba, Spez. Mineralogie
35 Treue, Dt. Geschichte von 1648 bis 1740
37 Klemm, Anorganische Chemie
38/38a Schlenk, Organische Chemie
39 Treue, Dt. Geschichte von 1713 bis 1806
42 Behn, Vorgeschichte Europas
44 Kresze, Physikalische Methoden der organischen Chemie
47 Fischer-Rohrbach, Arithmetik
51/51a Ringleb, Mathematische Formelsammlung
52 Bieler, Röm. Literaturgesch.
59 Krahe, Indog. Sprachwiss. I
60 Biehle, Stimmkunde
61 Biehle, Redetechnik
64 Krahe, Indog. Sprachwiss. II
65/65a Grotemeyer, Analyt. Geometrie
66 Berneker-Vasmer, Russische Grammatik
71 Schulze, Allgemeine und physikalische Chemie I
76 Döring, Einführung in die theoret. Physik I
77 Döring, Einführung in die theoret. Physik II
78 Döring, Einführung in die theoret. Physik III
79 Hempel, Got. Elementarbuch
80 Weigert, Stilkunde I
81 Schubert-Haussner, Vierstell. Logarithmentafeln
86 Barner, Differential- u. Integralrechn. I
96 Hartmann, Einf. in die allgem. Biologie
99 Hessenberg-Kneser, Ebene und sphär. Trigonometrie
101 v. Wiese, Soziologie
103 Dahrendorf, Industrie- und Betriebssoziologie
104/104a Hofstätter, Sozialpsycholog.
111 Hoffmann-Debrunner, Gesch. der griechischen Sprache I
114 Debrunner, Gesch. der griechisch. Sprache II
117 Brandenstein, Griechische Sprachwissenschaft I
118/118a Brandenstein, Griechische Sprachwissenschaft II
119 Teichmann, Statik der Baukonstruktionen I
120 Teichmann, Statik der Baukonstruktionen II
122 Teichmann, Statik der Baukonstruktionen III
125 Vossler-Noyer-Weidner, Ital. Literaturgeschichte
128/128a Lausberg, Romanische Sprachwissenschaft I
136 Mahler-Graewe, Physikalische Formelsammlung
141 Geitler, Morphologie der Pflanzen
142 Haack, Darstellende Geometrie I
143 Haack, Darstellende Geometrie II
144 Haack, Darstellende Geometrie III
145 Weimer, Gesch. der Pädagogik
148 Kolms, Finanzwissenschaft I
156/156a Landmann, Philosophische Anthropologie
170 Oehlmann, Musik des 19. Jhs.
171/171a Oehlmann, Musik des 20. Jhs.
173 Bruhns-Ramdohr, Petrographie
180 Böhm, Versicherungsmathem. I
184 Blümcke, Textilindustrie I
196 Mohr, Grundlagen der Elektrotechnik I
197 Mohr, Grundlagen der Elektrotechnik II
198 Mohr, Grundlagen der Elektrotechnik III
200/200a Gottschald, Dt. Rechtschreibungswörterbuch
210 Bruhns-Ramdohr, Kristallogr.
220/220a Moser, Allg. Musiklehre
221/221a Jander-Jahr, Maßanalyse
222 Hassak-Beutel-Kutzelnigg, Warenkunde I
223 Hassak-Beutel-Kutzelnigg, Warenkunde II

226 Hofmann, Gesch. d. Mathem. I
228 Vogel, Landw. Tierzucht
231/231a Ehrlich, Geschichte Israels
238 Krahe, German. Sprachwiss. I
243 Mahler, Physikal. Aufgabensammlung
247/247a Hofmann-Jander, Qualitative Analyse
250 Lausberg, Romanische Sprachwissenschaft II
253 Dassler, Elektrochemie II
257 Humburg, Gleichstrommaschine I
264 Lockemann, Gesch. d. Chemie I
265/265a Lockemann, Geschichte der Chemie II
270 Kirn, Einführung in die Geschichtswissenschaft
274 Zietemann, Dampfturbinen I
279 Jacob-Hohenleutner, Quellenkde. der deutschen Geschichte I
280 Jacob-Hohenleutner, Quellenkde. der deutschen Geschichte II
281 Leisegang, Einführung in die Philosophie
282 Haltenorth, Säugetiere
284 Jacob-Weden, Quellenkunde der deutschen Geschichte III
318/318a Schmidt-Beckers, Industrielle Kraft- u. Wärmewirtschaft
319 Krug, Australien und Ozeanien
329 Scharrer, Agrikulturchemie I
330/330a Scharrer, Agrikulturchem. II
335 Braun-Klug, Fette und Öle
336 Braun-Klug, Seifenfabrikation
342 Körting, Heizung und Lüftung I
343 Körting, Heizung und Lüftung II
344 Moser, Musikästhetik
354/354a Valentiner-König, Vektoren und Matrizen
355 Neger-Münch, Nadelhölzer
356 Lüdemann, Fische
374 Döring, Einführung in die theoret. Physik IV
375 Preller, Geschichte Englands I
389/389a Diels-Mattick, Pflanzengeographie
391 Kolms, Finanzwissenschaft II
394/394a Schilling, Von der Renaissance bis Kant
414/414a Tafel, Hebezeuge
422 Gottschald, Deutsche Personennamen
423 Adler, Fünfstellige Logarithmen
432 Borchers, Metallkunde I
433/433a Borchers, Metallkunde II
439 Jaeckel, Würmer
440 Jaeckel, Weichtiere
441 Jaeckel, Stachelhäuter
442 Hannemann, Schwämme und Hohltiere
443 Gruner-Deckert, Krebse
444 Reichenow, Einzeller
445 Asmus, Physikal.-chem. Rechenaufgaben
447/447a Herter, Kriechtiere
452 Bahrdt-Scheer, Stöchiometrische Aufgabensammlung
468 Werkmeister-Grossmann, Vermessungskunde I
469 Werkmeister-Grossmann, Vermessungskunde II
476 Thum-Meysenbug, Die Werkstoffe des Maschinenbaues I
483 Henglein, Lötrohrprobierkunde
492 Stolz-Debrunner, Geschichte der lateinischen Sprache
499 Niese-Küchler, Autogenes Schweißen
500 Simmel, Hauptprobleme der Philosophie
521 Marcard-Beck, Dampfkessel II
536 Lehmann, Kant
538 Rumpf, Archäologie I
539 Rumpf, Archäologie II
561 Matthes, Werkzeugmaschinen I
562 Matthes, Werkzeugmaschinen II
564 Behn, Kultur der Urzeit I
565 Behn, Kultur der Urzeit II
566 Behn, Kultur der Urzeit III
571 Lehmann, Philosophie des 19. Jahrhunderts I
576/576a Moser, Gesangskunst
579 Müller-Schulze, Techn. Tabellen
580/580a Sedlaczek-Fischer-Buch, Walzwerke
583/583a Engel, Maschinen der Eisenhüttenwerke
585 Dehnert, Verkehrswasserbau I
587 Kalitsunakis-Steinmetz, Neugriech.-dt. Gesprächsbuch
589 Tochtermann, Maschinenzeichnen I
590 Tochtermann, Maschinenzeichnen II

594 v. Lengerken, Insekten
597 Dehnert, Verkehrswasserbau II
601 Mutschmann, Engl. Phonetik
619 Buchwald, Kristalloptik
665 Ludin-Borkenstein, Wasserkraftanlagen I
666/666a Ludin-Borkenstein, Wasserkraftanlagen II
668 Knopp, Funktionentheorie I
677 Altheim, Röm. Geschichte II
679 Altheim, Röm. Geschichte III
684 Altheim, Röm. Geschichte IV
691 Fauser, Kulturtechn. Bodenverbesserungen I
692 Fauser, Kulturtechn. Bodenverbesserungen II
698/698a Schulze, Allgemeine und physikalische Chemie II
703 Knopp, Funktionentheorie II
709 Lehmann, Philosophie des 19. Jahrhunderts II
711 Kesselring, Berechnung der Schaltgeräte
714/714a zur Megede, Technik selbsttätiger Regelungen
715 Zietemann, Dampfturbinen II
716 Zietemann, Dampfturbinen III
718 Neger-Münch, Laubhölzer
728/728a Pirani-Fischer, Graph. Darstellung in Wissensch. u. Technik
735 Ekwall, Historische neuengl. Laut- und Formenlehre
746/746a Pfanzagl, Allg. Methodenlehre der Statistik I
747/747a Pfanzagl, Allg. Methodenlehre der Statistik II
756/756a Kalitsunakis, Grammatik der Neugriechischen Volkssprache
763/763a Beer-Meyer, Hebräische Grammatik I
764/764a Beer-Meyer, Hebräische Grammatik II
768/768a Bieberbach, Einführung in die konforme Abbildung
769/769a Beer-Meyer, Hebr. Textbuch
776 Kolms, Finanzwissenschaft III
780 Krahe, German. Sprachwiss. II
781 Weigert, Stilkunde II
782 Kolms, Finanzwissenschaft IV
786 Schulze, Molekülbau
807 Kropp, Erkenntnistheorie
809 Moser, Harmonielehre I
826 Koch, Philosophie des Mittelalters
827 Schwaiger, Elektromotorische Antriebe
831 Erismann, Allg. Psychologie I
832/832a Erismann, Allg. Psychologie II
833 Erismann, Allg. Psychologie III
837 Baumgartner, Gruppentheorie
845 Lehmann, Philosophie im ersten Drittel des 20. Jahrhunderts I
847 Herter, Lurche
850 Lehmann, Philosophie im ersten Drittel des 20. Jahrhunderts II
851/851a Moede, Psychologie des Berufs- und Wirtschaftslebens
857 Capelle, Griech. Philosophie I
858 Capelle, Griech. Philosophie II
859 Capelle, Griech. Philosophie III
862 Werkmeister-Grossmann, Vermessungskunde III
863 Capelle, Griech. Philosophie IV
866 Bieler, Röm. Literaturgesch. II
869 Freye, Vögel
875 Hofmann, Geschichte der Mathematik II
877 Knopp, Aufgabensammlung zur Funktionentheorie I
878 Knopp, Aufgabensammlung zur Funktionentheorie II
881 Humburg, Gleichstrommaschine II
882 Hofmann, Gesch. d. Mathematik III
893 Treue, Dt. Geschichte von 1807 bis 1890
894 Treue, Dt. Geschichte von 1890 bis zur Gegenwart
902 Müller, Dynamik I
903 Müller, Dynamik II
910 Jaeger, Afrika I
911 Jaeger, Afrika II
915 Sperber-Fleischhauer, Geschichte der Deutschen Sprache
917/917a Böhm, Versicherungsmathematik II
920 Hoheisel, Gewöhnliche Differentialgleichungen
921 Jantzen-Kolb, W. v. Eschenbach. Parzival
929 Schirmer-Mitzka, Deutsche Wortkunde

1130 Dibelius-Kümmel, Jesus
1131 Scholz-Schöneberg, Einführung in die Zahlentheorie
1132 Frühauf, Überspannungen und Überspannungsschutz
1134 Kuckuck, Pflanzenzüchtung I
1135 Lehnert, Beowulf
1137 Heil, Entwicklungsgeschichte des Pflanzenreiches
1138 Hämmerling, Fortpflanzung im Tier- und Pflanzenreich
1140 Unger, Induktionsmaschinen
1141 Koller, Hormone
1142 Meissner-Lehnert, Shakespeare
1144 Gehler-Herberg, Festigkeitslehre I
1145/1145a Herberg-Dimitrov, Festigkeitslehre II
1146 Humburg, Synchrone Maschine
1147 v. Waltershausen, Kunst des Dirigierens
1148 Pepping, Der polyphone Satz I
1152 Dehnert, Verkehrswasserbau III
1153/1153a Mellerowicz, Allgemeine Betriebswirtschaftslehre II
1154/1154a Mellerowicz, Allgemeine Betriebswirtschaftslehre III
1155 Schwartz, Mikrobiologie I
1156/1156a Meinke, Komplexe Berechn. v. Wechselstromschalt.
1157 Schwartz, Mikribiologie II
1158 Mayrhofer, Sanskrit-Grammatik
1159 Jungbluth, Gießereitechnik I
1160 Dibelius-Kümmel, Paulus
1161 Kaestner, Spinnentiere
1162 Seidel, Entwicklungsphysiologie der Tiere I
1163 Seidel, Entwicklungsphysiologie der Tiere II
1164/1164a Pepping, Der polyphone Satz II
1165/1165a Bechert-Gerthsen, Atomphysik IV
1169 Paulsen, Allgemeine Volkswirtschaftslehre I
1170 Paulsen, Allgemeine Volkswirtschaftslehre II
1171 Paulsen, Allgemeine Volkswirtschaftslehre III
1172 Paulsen, Allgemeine Volkswirtschaftslehre IV
1173 Hamann-Funke-Hermann, Chemie der Kunststoffe
1176/1176a Lorenzen, Formale Logik
1178/1178a Kuckuck, Pflanzenzüchtung II
1179/1179a Strubecker, Differentialgeometrie II
1180/1180a Strubecker, Differentialgeometrie III
1181 Franz, Topologie I
1183/1183a Nicolas, Finanzmathematik
1184 Endres, Verbrennungsmot. II
1185 Endres, Verbrennungsmot. III
1186/1186a Mellerowicz, Allgemeine Betriebswirtschaftslehre IV
1187 Lau, Luther
1188/1188a Lehmann, Photogrammetrie
1189/1189a Päsler, Mechanik deformierbarer Körper
1190 Stupperich, Melanchthon
1191 Bräuer, Slav. Sprachwiss. I
1193 Fürstenberg, Wirtschaftssoziologie

Autorenregister

AUTORENREGISTER

FSC
www.fsc.org
MIX
Papier | Fördert gute Waldnutzung
FSC® C083411

Zeitfracht Medien GmbH
Ferdinand-Jühlke-Straße 7
99095 Erfurt, Deutschland
produktsicherheit@kolibri360.de